电网工程"四新"绿色效能评估方法及应用

吴良峥　万正东　主编

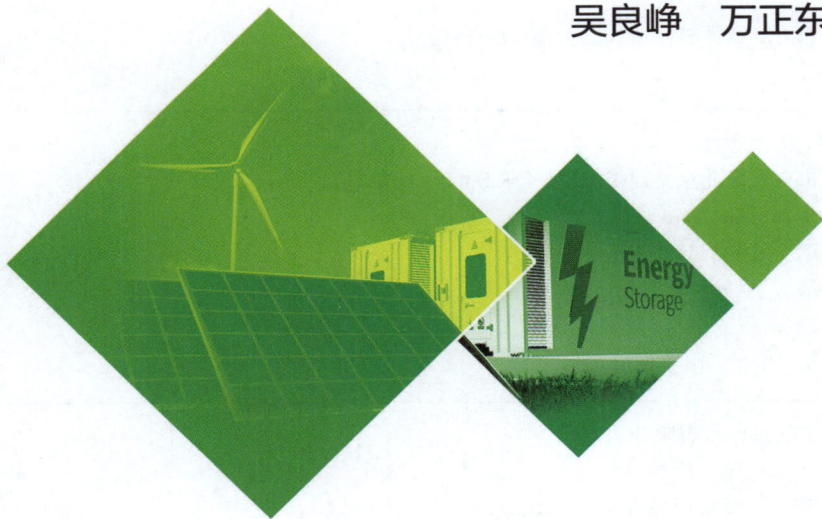

中国电力出版社
CHINA ELECTRIC POWER PRESS

内 容 提 要

基于加快建设新型电力系统和电网公司全面实施绿色低碳电网建设以及评价要求背景，适时开展电网工程"四新"绿色效能评估工作。本书从新型电力系统和绿色电网建设背景及要求、国内外绿色效能评估与减碳计量相关技术理论研究、新型电力系统建设背景下"四新"梳理、电网工程"四新"绿色效能评估体系研究、电网工程"四新"减碳计量规则编制、电网工程"四新"评价和计量规则的应用策略等方面，深入浅出地介绍了建设新型电力系统背景下电网工程"四新"应用的绿色效能评估指标、方法、机制、应用策略，并形成相应的减碳计量指导规则，实现对绿色低碳电网建设与评价体系的有效支撑。

本书可供电网公司工程建设管理人员、运行人员、运维检修人员、输变电工程设计人员（设计院、制造厂家等）、施工人员使用，也可供"四新"绿色效能评价咨询机构相关人员参考。

图书在版编目（CIP）数据

电网工程"四新"绿色效能评估方法及应用 / 吴良峥，万正东主编 . —北京：中国电力出版社，2024.6

ISBN 978-7-5198-8256-3

Ⅰ.①电… Ⅱ.①吴… ②万… Ⅲ.①电网—电力工程—节能减排 Ⅳ.① TM727

中国国家版本馆 CIP 数据核字（2023）第 209928 号

出版发行：中国电力出版社
地　　址：北京市东城区北京站西街 19 号（邮政编码 100005）
网　　址：http://www.cepp.sgcc.com.cn
责任编辑：张　瑶（010-63412503）
责任校对：黄　蓓　于　维
装帧设计：赵丽媛
责任印制：石　雷

印　　刷：三河市航远印刷有限公司
版　　次：2024 年 6 月第一版
印　　次：2024 年 6 月北京第一次印刷
开　　本：710 毫米 ×1000 毫米　16 开本
印　　张：7
字　　数：104 千字
定　　价：68.00 元

本书编委会

主　　编：吴良峥　万正东

副 主 编：潘定才　文上勇

编写人员：黄　琰　张继钢　钱琪琪　申　安

　　　　　李恺蔓　乔慧婷　库陶菲　辛宏妍

　　　　　赖启结　王方敏　陈　雯　余泽远

　　　　　陈培锋　信超辉

加快构建新型电力系统是实现"双碳"目标的重要支撑，而绿色低碳电网基础设施建设是电网侧构建新型电力系统的重要举措。在能源绿色低碳发展转型的总体思路下，需全面实施绿色低碳电网建设和评价，特别是新技术、新设备、新材料和新工艺的"四新"应用和绿色效能评估。对于新形势下构建"四新"绿色效能评估方法和"四新"应用的减碳计量规则的绿色低碳电网建设与评价体系深化、制定推广"四新"应用策略，具有重要意义。

当前有关介绍电网工程"四新"绿色效能评估方法的专著较少，在加快构建新型电力系统和绿色低碳电网建设新形势下，亟须一本普及"四新"绿色效能评估方法和减碳计量规则的书籍。本书试图作为引玉之砖，在一定程度上弥补当前缺憾。

本书提出了构建"新型电力系统"背景下电网工程"四新"应用的绿色效能评估模型、方法、机制，并形成相应的减碳计量指导规则；提出了相关计量评价方法在"双碳"目标实现、电网绿色规划与决策评价等方面的应用策略，实现对绿色低碳电网建设与评价体系的有效支撑。本书以某电网公司发布的"四新"为依据，结合相关综合评价方法和碳计量规则而编制，共分七章，第一章为概述，主要介绍"四新"绿色效能评估背景、意义和相关评估方法；第二章为新型电力系统和绿色电网建设背景及要求，主要介绍"双碳"目标下国家层面、企业层面构建新型电力系统及其支撑技术要求，分析企业在推动绿色低碳电网基础设施建设的要求及已开展工作情况；第三章为国内外绿色效能评估与减碳计量相关技术理论研究，主要介绍国内外绿色效能评估方法，特别是减碳计量相关技术理论方法；第四章为新型电力系统建设背景下"四新"梳理，主要介绍新型电力系统建设背景下电网公司"四新"开展和推广应用情况；第五章为电网工程"四新"绿色效能评估体系研究，主要构建基于电网工程"四新"应用的绿色效能评估指标体系、评估方法和机制；第六章为电网工程"四新"减碳计量规则编制，主要针对"四新"绿色效能指标，开展减碳成效评估，制定减碳计量规则；第七章为电网工程"四新"评价和计量规则的应用策略，主要介绍"四新"评估方法和减碳计量规则应用策略，指导评估方法和规则的应用。

本书注重实用性、可操作性，从模型方法、评价步骤、减碳计量的分类评估和总体评估等方面详细讲解了电网工程"四新"绿色效能、碳减排量评估应用，力图深入浅出。

本书旨在为读者提供有益启发和借鉴，但限于时间和编者水平有限，难免存在不足之处。恳请广大读者批评指正，帮助我们持续改进和完善。

编者

2023 年 8 月

目 录

第一章
概述

第一节 "四新"绿色效能评估背景

一、评估背景

2020 年 9 月，我国明确提出 2030 年碳达峰和 2060 年碳中和目标。"双碳"目标下，传统以煤为主的能源结构逐步向绿色低碳的清洁能源转型。2021 年 3 月 15 日，中共中央总书记习近平在中共中央财经委员会第九次会议上对能源电力发展作出了系统阐述，首次提出构建新型电力系统，中国共产党第二十次全国代表大会报告强调加快规划建设新型能源体系，为新时代能源电力发展提供了根本遵循。构建适应新能源比例不断提升的新型电力系统成为实现"双碳"目标的重要途径。2023 年 6 月，国家能源局正式发布《新型电力系统发展蓝皮书》（简称《蓝皮书》），明确了新型电力系统内涵特征：新型电力系统是以确保能源电力安全为基本前提，以满足经济社会高质量发展的电力需求为首要目标，以高比例新能源供给消纳体系建设为主线任务，以源网荷储多向协同、灵活互动为坚强支撑，以坚强、智能、柔性电网为枢纽平台，以技术创新

和体制机制创新为基础保障的新时代电力系统，是新型能源体系的重要组成和实现"双碳"目标的关键载体。新型电力系统具备安全高效、清洁低碳、柔性灵活、智慧融合四大重要特征。在构建新型电力系统中，面临保供安全、新能源消纳、系统运行压力增加及关键技术装备国产化低等一系列挑战，《蓝皮书》提出加强电力供应保障支撑体系建设、加强新能源高效开发利用体系建设、加强储能规模化布局应用体系建设、加强电力系统智慧化运行体系建设、强化新型电力系统标准与规范创新、强化核心技术与重大装备应用创新等重点任务。2023 年 7 月 11 日，中央深改委会议审议通过《关于深化电力体制改革加快构建新型电力系统的指导意见》，强调要深化电力体制改革，加快构建清洁低碳、安全充裕、经济高效、供需协同、灵活智能的新型电力系统，更好推动能源生产和消费革命，保障国家能源安全。《"十四五"能源领域科技创新规划》也提出了加快新型电力系统及其支撑技术研究攻关，加快战略性、前瞻性电网核心技术攻关，支撑建设适应大规模可再生能源和分布式电源友好并网、源网荷双向互动、智能高效的先进电网；突破能量型、功率型等储能本体及系统集成关键技术和核心装备，满足能源系统不同应用场景储能发展需要。企业层面的文件，某电网公司发布关于推动绿色低碳发展转型的意见，提出要加快构建新型电力系统，服务经济社会发展全面绿色转型，全面实施绿色低碳电网建设和评价，将绿色发展理念融入电网建设全过程。因此，在能源转型和构建新型电力系统中，需要通过技术创新支撑，必然伴随着能源电力技术革命，涌现一系列的新技术、新设备、新材料和新工艺（简称"四新"）应用，一方面是积极促进传统能源电力向清洁高效、绿色低碳转型的要求；另一方面更是适应高比例新能源、高比例电力电子设备的新型电力系统的要求。

新兴技术及装备的不断涌现，将对电网工程建设绿色效能的实现起着重要作用。绿色效能来自 ISO 14000 环境管理系列国际标准，即保护生态环境的效率与提高生态环境的协调性，减轻对环境产生的负荷与冲击力的能力，突出效率与性能。加强电网工程"四新"绿色效能评价，一方面是推动加强绿色低碳电网评价的重要举措，对构建新型电力系统新形势下的绿色低碳电网建设与评价体系深化具有重要意义；另一方面对于"四新"应用策略的制订也具有重要意义。

二、评估对象

新型电力系统建设背景下，国家层面、企业层面均发布了新型电力系统及其支撑技术，如企业层面相关新型电力系统建设行动方案（2021~2030年）提到：深入研究大规模新能源并网消纳技术，重点开展全时间尺度电力电量平衡方法研究，完成网、省级重点城市虚拟电厂平台部署及应用，深入研究新型电力系统运行控制技术，重点开展新能源精细化建模与测试、频率电压控制、大电网谐波谐振机理及防治等技术，引导、推进新型电力系统先进电气装备研究，重点开展柔性直流海上换流平台、直流配用电装备、先进储能设备研制，包含管制性和竞争性业务下的新技术。由于竞争性业务其类比或可参考对象积累数据较少，不易评估，因此，本书所述对象主要聚焦于管制性业务下的电网工程"四新"。基于电网工程"四新"，从效率和性能角度，评估"四新"成效，从而构建绿色效能评估指标和方法，构建评估机制。同时，基于全寿命周期理论和"四新"绿色效能评估指标，逐一针对各项指标评估其减碳成效，编制减碳计量规则，提出应用策略。

第二节 "四新"绿色效能评估意义

建设新型电力系统是推动绿色低碳转型的重要一步。着力打造绿色低碳电网基础设施是电网侧构建新型电力系统的重要举措。在电网公司均着力推动绿色低碳发展转型的总体思路下，需要全面实施绿色低碳电网建设和评价，积极推进新技术、新设备、新材料和新工艺的"四新"应用。"四新"应用具有提升行业技术水平和绿色低碳示范性，总结评价其应用效果效益对于制订推广应用策略具有重要意义。同时，由于其绿色低碳性，编制减碳计量规则对于"四新"应用的减碳贡献评价及绿色电网的碳计量具有重要意义。

基于绿色效能评价结果，可基于绿色效能指数水平的聚类分析划分等级，据此作出综合评判，一方面可辅助制定应用策略（如广泛推广，试点应用等）；

另一方面可辅助于电网绿色规划与决策评价（如同等情况下，是否选用或选用哪类技术）。同时，当前电网企业温室气体碳排放核算主要是基于使用 SF_6 的设备的修理和退役过程以及输配电损失引起的排放测算，基于形成的减碳计量规则，可对当前的电网企业温室气体排放核算或行业碳排放核算作有益补充。另外，也可应用于规划和决策评价等领域，如规划阶段，基于碳排放约束，可用于技术方案的比选，也可用于规划成效评价。

第三节 "四新"绿色效能评估和碳计量方法概述

一、序关系分析法（G1）

序关系分析法是根据某一标准将评估体系中所有评估指标的重要性进行排序，然后根据重要性顺序依次确定相邻指标之间的重要性程度值，最终求得指标权重的方法，该方法适用于影响因素多、规模打的问题。该方法是改进的一种主观赋权法，是一种定性与定量相结合的、层次化的、系统化的决策分析法。

二、CRITIC 赋权法

CRITIC（Criteria Importance Though Intercrieria Correlation）方法是一种客观权重赋权法。它的基本思路是确定指标的客观权数以两个基本概念为基础：一是对比强度，它表示同一指标各个评价方案取值差距的大小，以标准差的形式来表现，即标准化差的大小表明了在同一指标内各方案的取值差距的大小，标准差越大各方案的取值差距越大；二是评价指标之间的冲突性，指标之间的冲突性是以指标之间的相关性为基础，如两个指标之间具有较强的正相关，说明两个指标冲突性较低。

三、综合评估方法

综合评估方法主要采用模糊综合评价方法。模糊综合评价是以模糊数学为理论基础的分析方法。模糊数学是近40年来发展起来的一门新兴学科，它的创始人是美国加利福尼亚大学著名的控制论专家扎德教授。模糊数学发展的主流是在它的应用方面，它为人们研究和解决那些复杂的、难以用精确数学关系描述的问题，提供了一种简捷而有效的方法。模糊综合评价的基本步骤为：①设定评价指标因素集；②设定评语集；③确定评价指标权重集；④用民意测验方法请专家实施评价；⑤建立评价矩阵；⑥按数学模型进行综合评价；⑦归一化处理，得出具有可比性的综合评价结果。

基于上述方法得到的绿色效能指数，可基于聚类分析各"四新"绿色效能水平，从而进行分档，为后续应用策略提供支撑。聚类分析方法为：①从指标集中随机选取若干个初始聚类中心，并计算其余数据集与初始聚类中心的距离；②找出距离最短的聚类中心，将其数据集归到初始聚类中心所对应的类中，重新计算该类数据的均值作为新的聚类中心的中心值，并进行迭代，直到聚类中心不再变化，最终得到聚类。

由于聚类分析一般通过统计分析软件实现，该分类也可采用逼近理想解法，计算简便，操作简单。逼近理想解法是根据有限个评价对象与理想化目标的接近程度进行排序的方法，是在现有的对象中进行相对优劣的评价。基本步骤为：①基于综合评估结果，确定各"四新"应用的最优与最劣方案；②计算最优与最劣距离；③根据最优与最劣距离计算相对接近度；④根据相对接近度水平，给出大致分类。

综上评估方法，应建立配套的评估机制：

（1）动态评估机制。由于技术装备的持续创新，指标值在技术革新周期内存在变动。因此，应建立动态评估机制，以技术革新为周期，适时滚动更新数据，以合理评估该技术装备绿色效能指数。

（2）科学化比较机制。由于"四新"是相对于传统技术装备而言，各评价指标也是相对指标，是相对于传统技术装备创新而带来的各项绿色效能提升。

因此，选取合适的类比对象关系指标的科学取值，也关系到绿色效能指数的合理性。

（3）横向纵向评估机制。基于动态评估机制，就涉及纵向评估机制，基于纵向评估机制，比较各类"四新"的绿色效能指标变化情况，可以直观看到各类"四新"的提升水平。同时，通过各类"四新"的横向评估，也可以看出各类"四新"对绿色低碳电网建设的贡献水平。

（4）总体评估机制。针对所有"四新"，不再区分具体"四新"类别，评估其绿色效能情况，重点关注减碳量。总体评估机制也可细分为动态评估、科学比较和反馈、纵向评估机制，动态评估减碳量。

四、碳核算方法

排放因子法是适用范围最广、应用最为普遍的一种碳核算方法。联合国政府间气候变化专门委员会（IPCC）提供了碳核算基本方程：温室气体（GHG）排放 = 活动数据（AD）× 排放因子（EF）。其中，AD 是导致温室气体排放的生产或消费活动的活动量，如每种化石燃料的消耗量、石灰石原料的消耗量、净购入的电量、净购入的蒸汽量等；EF 是与活动水平数据对应的系数，包括单位热值含碳量或元素碳含量、氧化率等，表征单位生产或消费活动量的温室气体排放系数。排放因子法具体又分为物理指标排放因子转化法和经济指标转化法。物理指标排放因子转化法主要是依据活动过程中消耗的物料数量估算排放量，如利用企业消耗的焦炭估算其碳排放等。经济指标转化法则是依据经济活动产生的相关经济指标来测算碳排放额，如利用企业的销售额或营业收入来估算碳排放。通常物理指标排放因子转化法相对于经济指标转化法计算出的排放量更为精确。

第二章

新型电力系统和绿色电网建设背景及要求

第一节 新型电力系统建设背景及政策要求

一、国家层面政策要求

气候变化是当今人类面临的重大全球性挑战。全球应对气候变化，经历了从深化认识到实践行动的过程，越来越成为各国关注的重点。联合国从 1979 年开始推动气候变化合作，至今已有 40 多年。全球共同努力推动应对气候变化，主要有联合国大会、京都峰会、哥本哈根世界气候大会、巴黎气候会议这四次比较重要的标志性会议。1992 年的联合国大会，通过了《联合国气候变化框架公约》。该公约是第一个具有里程碑意义的国际法律文本，确立了发达国家和发展中国家"共同但有区别的责任"原则。1997 年的京都峰会，183 个国家通过了《京都议定书》，覆盖全球 80% 的人口，达成了广泛的共识。2009 年的哥本哈根世界气候大会，我国政府以积极的建设性态度，在会上宣布到 2020 年将单位 GDP 二氧化碳排放量比 2005 年降低 40%~45%，为哥本哈根世界气候大会作出了重要贡献，推动了国际社会应对气候变化的历史进程。2015 年的

巴黎气候会议,通过了《巴黎协定》,确定了"将全球平均气温较前工业化时期上升幅度控制在 2℃以内,并努力将温度上升幅度限制在 1.5℃以内"的目标,标志着全球应对气候变化进程步入新阶段。2020 年 9 月 22 日,国家主席习近平在第七十五届联合国大会一般性辩论上作出庄严承诺,中国将提高应对气候变化国家自主贡献力度,采取更加有力的政策和措施,二氧化碳排放力争于 2030 年前达到峰值,努力争取 2060 年前实现碳中和。12 月 12 日,国家主席习近平在联合国气候雄心峰会上提出新倡议,宣布新举措,各国应该遵循共同但有区别的责任原则,根据国情和能力最大程度强化行动,"到 2030 年,中国单位国内生产总值二氧化碳排放将比 2005 年下降 65% 以上,非化石能源占一次能源消费比重将达到 25%,森林蓄积量将比 2005 年增加 60 亿立方米,风电、太阳能发电总装机容量将达到 12 亿千瓦以上"。

"双碳"目标提出后,党中央、国务院加强对碳达峰碳中和工作的统一领导,成立了碳达峰碳中和工作领导小组,统筹推进各项工作,加快建立"1+N"政策体系,2021 年及以后陆续密集出台了一系列相关政策性文件,从顶层设计了实现"双碳"目标指导意见、实施方案。加快构建新型电力系统是实现双碳目标的重要路径,各类规划、方案和指导意见均要求加快建设新型电力系统,加快推进技术创新,助力实现"双碳"目标。《2030 年前碳达峰行动方案》要求加快构建新能源占比逐渐提高的新型电力系统,推动清洁电力资源大范围优化配置,要求集中力量开展复杂大电网安全稳定运行和控制等技术创新,推广先进成熟绿色低碳技术,开展示范应用。《"十四五"现代能源体系规划》提出从推动电力系统向适应大规模高比例新能源方向演进,创新电网结构形态和运行模式等方面推动构建新型电力系统,要求加快能源领域关键核心技术和装备攻关,推动绿色低碳技术重大突破,加快能源全产业链数字化智能化升级,统筹推进补短板和锻长板,加快构筑支撑能源转型变革的先发优势。《"十四五"可再生能源发展规划》要求加快构建新型电力系统,提升可再生能源消纳能力。加大新型电力系统关键技术研究与推广应用,提升系统智能化水平,创新高比例可再生能源、高比例电力电子装置的电力系统稳定理论、规划方法和运行控制技术,提升系统安全稳定运行水平。重点支持可再生能源、新型电力系

统等技术领域，整合资源、组织力量对核心技术方向实施重大科技协同研究和重大工程技术协同创新。《新型电力系统发展蓝皮书》要求重点从源网荷储各环节挖掘技术发展潜力，大力推广应用一批关键技术与重大装备，支撑新能源快速发展，推动新型电力系统逐步建成。

从国家层面来看，围绕新型电力系统构建、加快科技创新，主要是从源网荷储技术理论及装备研制、示范工程建设等方面着力开展科技攻关。

二、企业层面政策要求

为服务国家"双碳"目标要求，企业层面如某电网公司发布数字电网推动构建以新能源为主体的新型电力系统和建设新型电力系统行动方案（2021~2030 年）相关白皮书。

数字电网推动构建以新能源为主体的新型电力系统相关白皮书基于新型电力系统"数字赋能、柔性开放、绿色高效"三大特征，要求加快建设数字电网，构建开放共享、合作共赢的能源生态系统，推动构建多元能源供给体系，加快构建坚强主网和柔性配网，以数字技术助推能源消费革命，增强构建新型电力系统的科技支撑力和产业带动力。

建设新型电力系统行动方案（2021~2030 年）相关白皮书要求加强科技支撑能力和数字电网建设，一方面深入开展新型电力系统基础理论研究；深入研究新型电力系统构建理论、源网荷储协调规划理论、经济运行理论及政策，研究数字电网推动构建新型电力系统的体系架构、运行机理与控制理论等；深入开展系统运行控制理论研究，重点研究新型电力系统建模仿真、稳定机理、运行控制及优化调度理论。另一方面加快关键技术及装备研究应用与示范；深入研究大规模新能源并网消纳技术，重点开展全时间尺度电力电量平衡方法研究，完成网、省及重点城市虚拟电厂平台部署及应用，深入研究新型电力系统运行控制技术，重点开展新能源精细化建模与测试、频率电压控制、大电网谐波谐振机理及防治等技术，引导、推进新型电力系统先进电气装备研究，重点开展柔性直流海上换流平台、直流配用电装备、先进储能设备研制，推进可变

速抽水蓄能机组国产化规模化应用。再者提升数字技术平台支撑能力和数字电网运营能力，基本完成能源数据中心建设，开展数字电网承载新型电力系统先行示范区建设，完成数字电网标准与管控体系建设，推动电网规划、建设、运维、物资、调度、营销等多专业高效协同。

从企业层面来看，围绕新型电力系统构建、加快科技创新，主要是从源网荷储技术理论及装备研制、数字电网建设等方面着力开展科技攻关。

第二节　绿色低碳电网建设背景及政策要求

一、绿色低碳电网建设背景

在当前能源技术革命大背景下，绿色低碳是主旋律。各电网公司均提出了要加快推动绿色低碳电网建设，如某电网公司提出了建设绿色电网的设想，通过运用先进的计算机技术、通信技术、控制技术，建设一个覆盖城乡的智能、高效、可靠、绿色的电网（即 3C 绿色电网）。根据其 2013 年基建工作会议精神，基建部制订了相关基建重点工作计划，要求通过构建"3C 绿色电网"技术标准体系，推动电网向更加"智能、高效、可靠、绿色"转变，并印发了相关绿色电网建设行动指南，内含绿色变电站、线路、配网的建设指导意见和评价标准，用于指导公司绿色电网的建设工作，其中建立的 3C 绿色电网建设评价标准是借鉴国际多个行业先进经验制定的第一部电网行业绿色标准。该标准自发布实施以来，有效地指导了多项变电站、线路、配网的建设工作。"双碳"目标提出后，又发布了相关关于推动绿色低碳发展转型的意见，旨在全力推进绿色低碳发展，更好地推动服务"双碳"目标和加快构建以新能源为主体的新型电力系统等相关工作落实，服务经济社会发展全面绿色转型。

二、绿色低碳电网政策要求

绿色低碳电网建设要求绿色电网理念贯穿于规划、设计、施工的各个阶段，电网评价在项目竣工投运后进行。申请评价绿色电网的主体为电网建设单位，建设单位进行项目全寿命周期技术和经济分析，反映电网的建设技术、设备和材料，并提交相应分析报告。建设单位按本标准的有关要求，对电网的规划、设计、施工进行过程控制，并提交相关文件。评价绿色电网时，统筹考虑电网全寿命周期内节地、节能、节水、节材、环境保护的全面统一协调。评价绿色电网线路时，依据因地制宜的原则，结合线路所在地域的气候、资源、自然环境、经济、文化等特点进行综合评价。

推动绿色低碳发展转型要求在打造绿色低碳的电网基础设施方面，提出加快电网数字化智能化，全面实施绿色低碳电网建设和评价、加强建设项目全过程生态环境保护，构建服务乡村振兴的现代农村电网，推广应用绿色低碳技术装备。

三、绿色低碳评价工作开展情况

为了更好地开展绿色电网建设，提升绿色电网建设的效率和水平，相关电网公司开展了绿色电网建设后评价调研工作。调研的主要对象为开展绿色变电站、线路、配电网，建设比较早，取得成果较好的电网项目。通过调研发现，绿色电网评价标准对绿色电网建设起到了积极的指导作用，参评项目在完成后基本能够实现拟建绿色等级，证明大部分指标条款能够落地执行。但标准应用过程中，也发现一些诸如标准中有相当一部分比例的指标，仅适用于部分变电站，标准对项目选用技术措施的引导性较弱，一些指标未完全覆盖设计、运营阶段，部分指标控制项、一般项、优选项之间的差别过小等问题。通过此次调研，发现了标准实施过程中存在的问题，对于标准修订工作，有重要的指导意义。

关于推动绿色低碳发展转型的意见相关文件发布后，通过加快电网数字化

智能化，构建新型电力系统服务"双碳"目标；将绿色发展理念融入电网建设规划；加强电网建设项目生态环境保护；创新输变电设施运行期绿色治理等举措，取得了积极成效。具体包含如建立绿色电网评价工作机制，编制发布绿色低碳电网建设标准和评价指南；完善环保风险防控体系，开展"自查＋巡查"环保全过程技术监督；加快拓展智慧工程现场感知终端建设，在10项重点工程试点实现噪声、粉尘以及环境参数的自动在线监测；全面启动对周围存在环境敏感目标的110kV及以上城区变电站电磁环境和噪声三年普测工作，对噪声超标变电站进行安装电抗器底部隔震器、变压器室隔音门、高隔声屏障等方式的综合整治。

通过全力打造绿色低碳电网基础设施，全力加快数字电网建设，有效支撑了新型电力系统构建。

第三章

国内外绿色效能评估与减碳计量相关技术理论研究

第一节 国内外绿色效能评估方法研究

一、国内绿色效能评估方法概述

从公开资料显示来看，关于电网或电网工程"四新"绿色效能评价较少，目前其他行业关于绿色效能评价文献主要集中在绿色建筑、生态环境效能评价方面，且多为评价指标和评价方法构建方面的研究，评价方法多为综合评估方法；而对于效能评价中，碳排放作为常见评价指标，目前主要是聚焦于碳计量方法及其在城市、企业、楼宇、森林碳汇等的应用研究，较少应用于电网工程"四新"评估方面，具体包括以下几个方面。

（1）关于电网或电网工程绿色效能评价，目前主要是聚焦于绿色电网评价以及构建绿色能源低碳效能监测与提升体系。

王伟（2015）探讨了绿色电网基本理论，基于国际电力网、国家电网公司和南方电网公司对绿色电网的定义，认为绿色电网包括电能的发、输、配、

用全过程，包括电源侧、输配侧和用电侧的节能、环保和经济，具有系统集成性；须采取"四新"，具有技术先进性；更加清洁、高效、安全、经济，具有节能环保型；必须严格按照环保评价制度、国家技术标准等贯彻执行，具有严格执行性。而相比传统电网，具有可观的经济效益、社会效益和环境效益。

蔡振华等（2019）基于《3C 绿色电网建设评价标准》在 52 个变电站的执行情况调研梳理，发现标准对项目选用技术措施的引导性较弱，未对施工、运营阶段单独区分等问题，提出了标准修订方向。

黄轶康等（2020）构建了节地与土地资源利用、节水与水资源利用、施工现场环境保护等施工期绿色评价指标，并通过层次分析法对输变电工程施工期绿色评价指标重要程度开展了研究，为相关电网企业绿色施工管理提供依据。

赵国涛等（2021）分别从 5 个维度探讨了绿色电网内涵：一是从节能角度看，绿色电网的能损主要来自电能输配过程的损耗；二是从减排和环保角度看，管控 SF_6 的排放源头、对 SF_6 进行回收处理已成为绿色电网建设的重要任务之一；三是从低碳角度看，绿色电网中的碳减排量主要来自减少 SF_6 在电力设备中的使用量（如回收利用废旧设备中的 SF_6）和提高电能输配过程的节能量；四是从低碳角度看，绿色电网中的碳减排量主要来自减少 SF_6 在电力设备中的使用量（如回收利用废旧设备中的 SF_5）和提高电能输配过程的节能量；五是从资源循环利用角度看，绿色电网建设的思路与绿色电厂的类似，都是按照"资源节约→节能→减碳"的路线来阐释"绿色"的内涵。

曹瑞峰等（2022）基于电网公司绿色能源发电计量结算数据，协助项目业主与政府部门开展低碳效能监测分析，搭建服务平台、汇集产业力量、完善运营模式，提升项目发电效率与低碳效能，服务"双碳"目标实现。该体系基于当前资源承载条件有限、网源发展协调不够、运维体系建设不足、推进绿色能源高质量转型的必要性等现状而提出，充分挖掘存量绿色能源发电效率效益，基于绿色能源发电计量结算数据，具有低碳效能实时监测、运行状态实时分析、运维需求实时响应、服务多方协同合作等特征，包含同类型能源发电效

率分级占比情况（绿码、蓝码、黄码、橙码、红码等不同分级占评估样本数比重）、本地电力碳中和指数（地区所有绿色能源结算发电量对应碳排放量与地区用电量对应碳排放量比值）、分布式发电就低碳中和指数（地区所有分布式用户发电量之和与地区分布式发电用户关联用电户结算用电量、分布式发电用户自发用电量之和的比值）、碳减排量（清洁能源发电量与二氧化碳减排因子之积）、低碳效能分级评价（通过发电效率对项目发电情况进行绿、蓝、黄、橙、红五色分级）、分布式光伏用户就地电力碳中和指数[用户发电量与关联用户发电量、用户自发自用电量（仅针对自发自用余电上网用户）之和的比值]等监测评价指标。通过该监测体系，一方面可为绿色能源项目业主、运维服务企业、设备供货商、金融机构等市场各方提供方便、快捷的咨询、沟通、交易平台，建设绿色能源项目全生命周期服务生态圈；另一方面可通过电网企业提供专业指导，为光伏扶贫用户、农户屋顶光伏等提供运维服务，提升项目效率。

某电网公司在"碳达峰、碳中和"行动方案下开展了输变电工程绿色建造工作，于 2021 年发布相关输变电工程绿色建造评价指标体系等成果；2022 年形成适应新发展理念的绿色建造模式和成果体系，35kV 及以上新开工输变电工程全面实施绿色建造，编制输变电工程绿色建造导则等成果。绿色建造包含四阶段实施路径，包含绿色策划、绿色设计、绿色施工和绿色移交。绿色策划阶段主要是明确控制指标（见图 3-1），进行总体策划、设计策划、施工策划和移交策划；绿色设计阶段主要是通过绿色协同设计、设备材料选型和绿色数字化设计实现工程全寿命周期系统集成；绿色施工主要通过节约资源、保护环境、施工智能管控、施工工艺创新等方式方法实现绿色建造；绿色移交通过实体和数字化同步移交的方式，进行工程移交和验收。

从电网公司层面来说，目前研究主要集中于绿色电网内涵探讨、绿色电网建设及其评价、绿色能源的绿色效能监测与提升等，较少针对性地聚焦对电网工程"四新"方面的绿色效能具体评价。

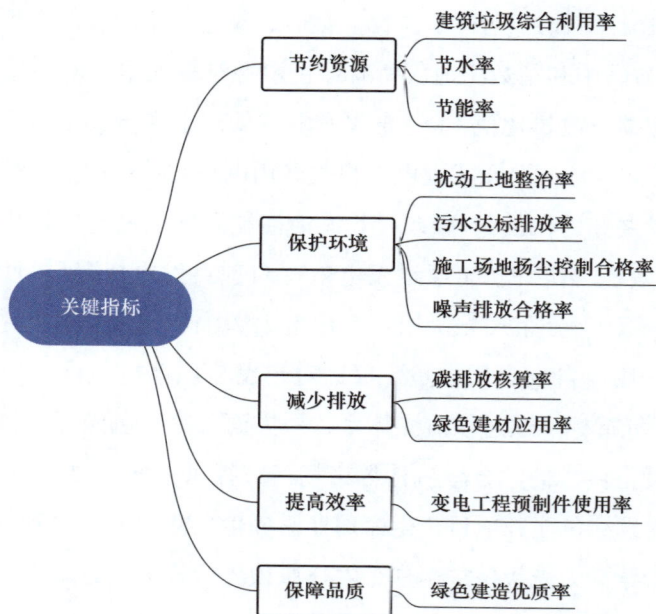

图 3-1 某电网公司绿色策划主要控制指标

（2）关于其他行业绿色效能评价，主要是集中于绿色建筑和生态环境方面，且偏向于评价指标和评价方法的构建。

彭冀（2003）在讨论模糊综合评价方法的基础上，提出了家具产品设计方案的多级模糊综合评价方法，并利用所提出的方法针对 SOHO 家具产品绿色效能，从产品材料、结构、功能三方面的绿色因素进行模糊综合评价。

贺元启（2008）对生物质能的绿色效能进行了评估，通过全生命周期法比较评价生物质和煤气化合成二甲醚料过程，分析出利用生物质每生产 1kg 二甲醚将减少有害气体排放。

林文诗等（2016）将美国绿色建筑评估体系 LEED 标准、英国绿色建筑评价体系 BREEAM 标准，以及德国被动式建筑标准，与我国《绿色建筑评价标准》（GB/T 50378—2019）、《环境标志产品技术要求　生态住宅（住区）》（HJ/T 351—2007）的标准架构、测算工具、节能效能、环保效能等方面区别进行深入研究，由此提出对我国绿色建筑相关标准完善及推广的建议。

叶在乔等（2016）结合 2014 年最新国家绿色建筑评价标准进行改造，得出基于国家绿色建筑评价标准的 AHP 层次模型，应用于不同改造案例的分析，为既有建筑绿色化改造项目子系统效能评估提供参考。

曹灿等（2017）建立了生态墙技术的绿色效能评价体系，从技术性能（热工新能、物理性能、质量控制）、经济效益（建造经济、使用经济）和社会效益（室内舒适度、空间利用率、景观独特性）三方面对生态墙技术进行评价，并提出了生态墙的优化策略。

陈立鹏（2018）建立了体现码头工程具体特点的绿色效能评价指标体系，分别考量绿色施工管理、节地与用地（水）、节能与能源利用、节水与水资源利用、节材与材料资源利用、陆域环境保护、水（海）域环境保护等七个方面绿色施工措施的绿色效能。基于多层次模糊综合评价法，并对相关绿色措施采用变化的权重系数，构建了更加科学合理的码头工程绿色施工评价模型，根据计算得分对码头工程绿色施工进行总体评价。

李锦军（2018）选取 2008~2015 年 17 个生态脆弱区省市的绿色发展数据，利用效率评估模型和随机前沿分析模型，分别对绿色生产效率和绿色产出效率进行了实证分析。

其他行业绿色效能评价主要是集中于绿色建筑和生态环境方面，聚焦于评价指标和评价方法的构建，评价指标集中于节能、环保、效率等几大类，评价方法多为综合评估方法。相关评价指标和评价方法可为项目评价指标和方法选取提供参考。从相关文献查阅来看，尚未建立或研究指标和方法构建后的评估机制。

二、国外绿色效能评估方法概述

国外关于电网或电网工程"四新"绿色效能评价也较少，其他行业也主要集中在绿色建筑方面，包括五种著名的评估体系方法：英国建筑研究院环境评估方法、加拿大 GBTool、美国 LEED、日本 CASEBEE、澳大利亚 LCA[宗凤良

（2006）]。这些体系在评估内容、评估方法、量化指标等方面虽然各有特点，但基本上都是把减少对自然环境的影响、节约资源能源、建设健康舒适的居住环境为目标，从场地选址与规划、可再生资源能源利用、室内外环境质量等方面制定量化标准和相应的评估体系。

各评估体系都需要在评估过程中确立明确的评定及认证体系，以定量的方式检测建筑设计绿色生态目标达到的效果，用一定的指标来衡量实现所达到的预期环境性能的程序。评估程序一般为：第一步输入数据，根据评价指标项目，输入相关设计、规划、管理、运行等方面的数值与文件资料，这些数值与文件资料可以通过记录、计算、模拟验证等途径获得；第二步综合评分，由具备资格的评审人员，根据有关评价标准，对各评价项目进行评价，一般采用加权累积的方法评定最后得分；第三步确定等级，根据得分的多少确定该建筑的绿色生态环境等级并颁发相应的等级认定证书。

评定体系的作用是为建筑市场提供制约和规范，促使在设计、运营、管理和维护过程中更多考虑环境因素，引导建筑向节能、环保、健康舒适、讲求效率的轨道发展。

第二节　国内外减碳计量理论研究

一、国内减碳计量理论概述

目前电力行业碳计量相关技术理论主要有排放系数法、IPCC推荐缺省方法、实际测量法等，其中排放系数法应用最为广泛，当前主要应用于城市、企业、楼宇碳排放计量以及森林碳汇等方面。

1. 排放系数法（排放因子法）

排放系数法是在一定技术水平和管理下，生产产品所产生的碳排放量，主要用于能源碳排放量的计算上。计算公式为：碳排放量 $=K \times E$，K 为碳排放因子，E 为某一能源使用数量，计算时要折算成标准煤。不同国家、地区，碳排放系数可能不同。

排放因子法简单明确，且有大量数据源，因此在国际上应用较为广泛，一般可以从 IPCC 排放因子数据库、美国环保署（USEPA）的国际排放因子数据库以及欧洲环境署（EEA）的 EMEP/CORINAIR 排放清单指导手册中获取排放因子数据，也可以通过出版社以及科研院所获取公开的研究成果和相关检测、调查等数据。但排放因子法适用于排放源不复杂、系统变化较稳定的情况，当系统发生较大变化时，其测算结果没有质量平衡法测算准确。

2. 实际测量法

实际测量法是指借助国家许可的计量设备，通过合理化的监测手段，同时利用环保部门认可的测量数据，对生产活动中的碳排放进行准确计量。计算公式为：$G=K \times Q \times C$；其中，G 为某气体排放量，C 为介质中某气体浓度，Q 为介质流量，K 为单位换算系数。实际测量法的基础数据依赖于具有代表性的样本，比如采用不同产业的大企业做样本，根据其实际排放量进行测试分析。理论上测算结果准确度高于 IPCC 推荐方法和生命周期法，但它需要长时间进行观测，实际操作十分困难。

3. 质量平衡法

质量平衡法是近些年来逐步开始应用的一种新方法，碳排放的计算为输入碳含量减去非二氧化碳的碳输出量，通常用于生产活动中，如脱硫过程的排放、化工生产企业生产过程的排放以及其他非化石燃料燃烧过程的排放等。质量平衡法不仅能够区分各类设施之间的差异，还可以分辨单个和部分设备之间的区别，尤其当排放设备更换频繁、自然排放源复杂时，采用该方法较为简

便。鉴于这种方法需要考虑的中间排放过程较多，易出现系统误差，因此，该方法当前的应用范围还比较窄。

4. IPCC 推荐缺省方法

IPCC 推荐缺省法是根据能源消耗量估算碳排放量，主要是依据《IPCC 2006 年国家温室气体排放清单指南》第二卷，基本公式为：CO_2 排放量 =（燃料消费量 × 单位含碳量 − 固碳量）× 氧化率 × 44/12。在这个过程中需要将燃料消费量转化为热量单位再乘以碳排放系数得出含碳量，含碳量乘以固碳率可得到固碳量，最终得出 CO_2 排放量。IPCC 推荐方法是一种粗略的估算，其结果更多作为碳排放量的估算。根据估算结果，可了解企业的碳排放量。

5. 部门分类核算法

部门分类法与上述缺省方法不同的是，以部门为基础，使用更加客观的数据。排放量 = $\sum (E_{i, j, k} \times A_{i, j, k})$，其中，$A$ 为能源消耗量，E 为排放系数，i 为排放源类型，j 为设备技术类型，k 为燃料类型。该方法对每个部门使用每种燃料单独计算并进行汇总得出每个部门总排放量，然后利用同种方法将计算出来的每个部门碳排放量加总，得出总排放量。该方法计算起来比较繁杂，与缺省方法相比，工作量大很多，但结果更加接近真实排放量。上述三类方法可以计算出能源碳排放量，部门分类核算法计算结果能减少统计差异，但同时忽略了消耗其他资源带来的碳排放量。

6. 生命周期评估法（LCA）

LCA 主要指是某种产品或服务在生命周期内对其 CO_2 排放量的估计方法。根据 ISO 14040，利用生命周期法进行碳计量的方法步骤有四步：① LCA 目标与范围的界定。即生命周期法评估的对象是什么，对哪些产品、服务进行评估。②编制被评估产品的投入产出清单，列出初级、中间、最后等各个过程的资源投入以及碳排放量。该过程需要大量的人力、物理作支撑以获取较详尽的数据内容。③影响评估，把采集到的数据与具体某个 LCA 关心的环境问题分

别建立对应联系，并给不同的产品或服务的过程打分。④解释说明，将清单分析及影响评估所发现的与研究目的有关的结果合并在一起，形成结论与建议。相对于 IPCC 推荐方法，生命周期评价法是从更加微观的角度进行碳排放的计量，主要针对企业产品生产过程中的碳排放，因而有利于企业确定更细致的减排目标，制定更合理的减排方案，实施更有效的减排措施。

上述方法中，排放系数法当前应用最为广泛。各方法当前主要应用于城市、企业、楼宇碳排放计量以及森林碳汇等方面。如城市、楼宇碳排放计量方面，李晓江（2022）通过详细的调查和第一手数据，对城市社区碳排放进行实证分析，并未采用碳排放因子进行粗线条计算；王雷雷等（2022）提出了考虑分时碳计量的智能楼宇群电力—碳排放权耦合互动共享策略。企业碳排放计量方面，如电网企业碳排放计量依据《温室气体排放核算与报告要求》和《中国电网企业温室气体排放核算方法与报告指南》，碳排放包括 CO_2 和 SF_6 两种温室气体，核算边界对于 SF_6 的产生是由于 SF_6 设备更换（退役）或者检修过程中储蓄在设备中的 SF_6 发生泄漏的情况；而核算边界对 CO_2 的产生则是因为电网在输配电的过程中电能损失的环节造成的 CO_2 的排放。再如森林碳汇方面，舒洋等（2022）开展基于 IPCC 法大兴安岭兴安落叶松人工林碳计量参数研究。

除上述应用外，也出台了相关碳排放、减碳计算导则，如施工建造方面，广东省住房和城乡建设厅于 2021 年 12 月发布了《建筑碳排放计算导则（试行）》，其中建造阶段主要是从建材加工能耗、施工人员在场地工作生活产生的碳排放和施工能耗三方面考量，主要通过基于实际施工能源消耗数据（方法一，通过调取施工能源消耗台账对施工过程各类能源消耗实物量进行统计；方法二，无施工能源消耗台账的，对于电力消耗，可对施工场地安装的临时电表进行抄表统计，或者通过电表号向供电局调取用电量数据，还可以通过调取项目管理部每月缴纳的电费清单进行用电量统计。对于其他一次能源，如油、气等，可通过调取项目管理部对于相关能源购买及使用的进出库记录统计对应的使用量）、基于施工能耗估算值（方法一，施工能耗定额法；方法二，工程预算决算书法；方法三，经验公式法）两种方式五种方法计算碳排放。

产品方面，绿色建材产品认证技术委员会于 2022 年 6 月发布了《绿色建

材产品减碳计算导则（试行）》，从产品层面评估了建筑应用绿色建材产品在生产和应用阶段产生的减碳效益，其中生产阶段主要包括原料使用和节能减碳，原料使用减碳量应为原料通过各种方式减碳量之和，包括原料固废利用方式和原料其他方式（生产碳排放降低或产能耗降低）的减碳量，原料固废利用的减碳量主要考虑固体废弃物利用替代天然资源在开采过程中的平均碳排放；原料生产碳排放降低的减碳量主要考虑相应星级所用原材料碳排放要求与相应原料生产行业平均碳排放水平的差值，如相关评价标准中未提出原料生产碳排放降低的指标要求，可改为考量原料生产能耗降低的减碳量，其评估基于相应星级产品所用原料能耗要求与相应原料生产行业平均能耗水平的差值；节能减碳量主要考虑产品能耗行业平均水平与绿色建材评价标准中相应星级能耗要求的差异。应用阶段绿色建材每年的减碳量应为绿色建材促进保温系统材料产品减量化使用、建筑门窗产品性能提升、产品效率提高、产品使用寿命延长每年产生的减碳量之和，其中产品减量化使用在应用阶段每年的减碳量主要考虑不同星级绿色建材保温系统材料替代相应情况下非绿色建材产品（基准线情况）每年产生的减碳量；绿色建筑节能门窗在应用阶段每年的减碳量主要考虑不同星级绿色建材建筑节能门窗替代相应情况下非绿色建材产品（即基准线情况）在建筑运行阶段每年产生的减碳量；绿色建材产品应用阶段产品效率提高的减碳量，应根据减碳量来源不同，按改善建筑热工性能（如新风系统等）、改变发光能效（如 LED 照明）或能源转换效率（如光伏组件）三类分别计算；绿色建材产品（包括涂料、防水卷材等）使用寿命延长每年的减碳量要考虑在建筑运行阶段，应用不同星级绿色建材产品老化时间与产品行业平均老化时间的差值引起产品使用寿命延长每年产生的减碳量。从产品减碳计算导则看，减碳主要是从替代性材料减碳、能耗降低和性能、寿命提升等产生的减碳效益方面考量。

二、国外减碳计量理论概述

目前，美国推广实测法的力度最高，早在 2011 年，美国环保署将所有年排放量超过 2.5 万 t CO_2 当量的排放源强制安装 CEMS。欧盟委员会自 2005 年启动欧盟碳排放交易系统并正式开展 CO_2 排放量监测，但其目前 23 个国家中仅有 155 个排放机组（占比 1.5%）使用了 CEMS，主要分布在德国、捷克、法国等。此外，美国还主要采用质量平衡法，欧盟采用排放系数法。日本学者 Yoichi Kaya 还提出 Kaya 碳排放等式法，该方法反映了碳排放量与 GDP 和人口间的关系。基本公式为：

$$碳排放量 = \sum_i \times C_i = \sum (i \times E_i/E) \times (C_i/E_i) \times (E/Y) \times (Y/P) \times P$$

式中：C_i 为 i 种能源的碳排放量，E 为一次能源的消费量；E_i 为 i 种能源的消费量；Y 为 GDP；P 为人口。

从该公式中可以看出能源结构因素、各类能源排放强度、能源效率因素、经济发展因素影响碳排放额度；能源结构因素 E_i/E 表示 i 种能源在一次能源消费中的份额，各类能源排放强度 C_i/E_i 表示消费 i 单位能源的碳排放量，能源效率因素 E/Y 表示单位 GDP 的能源消耗，经济发展因素是 Y/P。

三、国内外相关理论研究比较综述

当前关于电网工程"四新"绿色效能评价存在一定的缺失，特别是在构建新型电力系统大背景下。

（1）国内现有成果尚未单独开展针对新型电力系统建设背景下电网工程"四新"绿色效能评估方法及应用研究。

当前绿色效能评价主要集中于绿色电网建设、绿色建筑、生态环境方面，多为研究评价指标和评价方法构建，尚未单独开展对电网工程"四新"绿色效能评价。而对于效能评价中的碳排放评价指标，目前主要是聚焦于碳计量方法及其在城市、企业、楼宇、森林碳汇等的应用研究，也较少应用于开展电网工程"四新"碳排放计量方面。

（2）国外也尚未单独开展针对新型电力系统建设背景下电网工程"四新"绿色效能评估方法及应用工作。

当前绿色效能评价也主要集中于绿色建筑、生态环境方面，多为研究评价

指标和评价方法构建，且建立了评估工具，涉及指标计算和评分。而对于效能评价中的碳排放评价指标，目前也主要是聚焦于碳计量方法的研究，包括等碳排放因子法、物料衡算法、实测法、Kaya碳排放等式法等。从国外现有成果看，也尚未单独开展对电网工程"四新"绿色效能评价。

第四章

新型电力系统建设背景下"四新"梳理

第一节 "四新"征集开展情况

为推动电力新技术在电网建设、生产、运营中的应用，引领电网技术发展，服务以新能源为主体的新型电力系统建设，依据《新产品（技术）入网及推广应用管理办法（试行）》，某电网公司于 2022 年 2 月发布了《关于征集新型电力系统新技术（产品）、挂网试运行及推广应用项目（2022 年第一批）的通知》，面向各分子公司及全社会创新主体，征集新型电力系统技术（包括新能源、"双碳"、节能环保、储能、数字电网等技术领域）及传统电网技术领域具备创新性、安全性、可靠性的新技术，按年度滚动修编形成技术目录，用以指导公司新技术研究与应用方向，引导新技术研发、新产品研制和产业化。

新技术目录（2022 年版）在已发布的 2021 年版新技术目录基础上，结合 2022 年征集情况，以支撑新型电力系统建设和数字南网建设为原则，从技术原理科学性、技术性能指标先进性、功能指标有效性、国内外研究情况、技术成熟度、技术经济和应用效益、应用前景等方面进行评估。最终纳入新技术目录（2022 年版）共 299 项新技术，按照专业技术领域共分为 9 大章节（变电技术领域 54 项，输电技术领域 76 项，配电技术领域 90 项，直流输电技术领域 7

项，电力系统运行技术领域 27 项，计量与用电技术领域 22 项，电力通信技术领域 5 项，信息化技术领域 14 项，综合工器具 4 项），其中新型电力系统相关技术 37 项，数字化转型共性支撑技术 16 项。

此后，在 6 月、11 月相继发布了第二批、第三批新技术（产品）、挂网试运行及推广应用项目征集公告。第二批征集重点仍为新型电力系统技术（包括新能源、"双碳"、节能环保、储能、数字电网等技术领域）及传统电网技术领域相关新技术。第三批重点征集了包含新能源、"双碳"、储能技术、先进电力装备、智能调度与保护控制、设备智能运维、数字电网（智能量测与先进传感、电力大数据计算、电力通信与网络安全、电力区块链、人工智能）等在内的新技术（产品）。

2023 年 3 月，该电网公司发布了 2023 年第一批新技术目录、新技术产品挂网试运行及推广应用项目征集公告。该批次重点征集仍以先进电力装备、智能调度与保护控制、设备智能运维、数字电网（智能量测与先进传感、电力大数据计算、电力通信与网络安全、电力区块链、人工智能）、新能源、"双碳"、储能技术等为主。

从各批次征集方向看，2022 年以来，"四新"重点征集方向和推广应用多集中在服务新型电力系统技术及传统电网技术领域相关新技术。

此外，对于施工新技术新工艺等"四新"，该电网公司并无单独的目录清单。施工阶段应用"四新"主要基于工程特点和施工单位施工技术水平，如某重点工程，将支撑更大规模的新能源接入，其相对于陆地施工，该工程施工工艺、施工技术、工程材料等均实现突破，如在海上铁塔施工方面上，选用 C40 高强度水下专用混凝土，采用打桩和浇筑一次成型，大幅提升海上铁塔基础的防水、阻锈、耐腐能力；在工程材料方面上，创新在线路海上平台采用钢管建塔，更有利于增强极端条件下抵抗自然灾害的能力，稳定性和抗风能力更优；在绿色施工方面，制定了通过搭设钢平台进行基础组塔施工，完成后拆除钢平台的工艺，对海段线路采取施工栈桥等透水构筑物，代替常规围堰施工的方式，最大限度地避免了施工对海洋的环境生态造成破坏。新的施工工艺、施工技术、工程材料的应用，也为绿色低碳电网建设提供了支撑。

第二节 "四新"推广应用情况

为尽快推动"四新"应用，该电网公司每年进行三批次的"四新"公开征集和推广应用公告，通过挂网评审的新技术产品将被纳入新技术产品挂网试运行计划并实施挂网验证。挂网试运行结束后，经综合评价，挂网试点效果显著的新产品将进入新技术产品推广应用目录。

以支撑新型电力系统建设和数字南网建设为原则，经技术原理科学性、技术性能指标先进性、功能指标有效性、国内外研究情况、技术成熟度、技术经济和应用效益、应用前景等方面的评估，于 2022 年 4 月，该电网公司发布新技术目录（2022 年版）。相较于 2021 年版新技术目录，新增目录如表 4-1 所示。

表 4-1　　　　　　　　新技术目录（2022 年版）新增目录

序号	新技术名称
一、变电领域新技术	
1	铠装移开式智能交流金属封闭开关设备
2	抽水蓄能电站用发电机断路器成套装置
3	大容量气体绝缘金属封闭开关设备
4	5G 配网差动保护装置
5	故障录波及行波测距一体化装置
6	具备数字化物联网功能的避雷器在线监测器
7	基于物联网＋的变压器大件运输远程监测系统
8	变压器有载分接开关带电检测装置
9	电力设备紫外图像智能诊断运维平台
10	先知热释离子探测器（P1）

续表

序号	新技术名称
二、输电领域新技术	
1	创新型高效、节能三元素绝缘子技术
2	三相共箱型刚性气体绝缘输电线路
3	防坠落钢化玻璃绝缘子
4	550kV 气体绝缘金属封闭输电线路
5	电缆隧道巡检机器人
6	石墨基柔性接地装置
7	移动式智能综合驱鸟装置
8	基于微波自组网技术的视频监控终端
9	输电线路分布式风偏在线监测系统
三、配电领域新技术	
1	箱型固定式交流金属封闭开关设备
2	稀土高铁铝合金电力电缆新技术
3	分布式柔直能源交换机
4	光伏用多功能断路器新技术
5	低压直流成套设备新技术
6	主动自治型配电终端新技术
7	配电终端仓库自动调试技术
8	配网自动化终端定值远程维护
9	配网自动化终端运维业务工单机器人
10	基于固态储氢技术的氢能应急电源车新技术
四、电力系统规划运行新技术	
1	基于南网 104 规约的 OCS 系统计划值曲线下发接收技术
2	用于提升高渗透率新能源电网稳定性的 MGP 系统

续表

序号	新技术名称
3	固态储氢装置
4	大容量级联型高压储能系统

五、计量与用电领域新技术

序号	新技术名称
1	充电桩安装剩余电流保护装置
2	台区 AI 管理单元
3	RIES8000 区域综合能源管控系统
4	园区级综合能源管理系统

六、电力通信技术领域

序号	新技术名称
1	电力光传输网络末端的光缆远程监测装置
2	物联网通信单元
3	新一代宽带载波技术
4	新型智能化通信配网柜
5	新型智能化通信配网柜—PDU

七、信息化领域新技术

序号	新技术名称
1	地图与遥感智能应用技术
2	实时拓扑分析计算
3	自主可控技术的浏览器技术应用
4	自主可控电力云计算技术
5	分布式电力云计算技术
6	强化学习技术
7	智能量测与先进传感技术
8	大数据存储技术
9	数据安全防护与检测关键技术
10	密码芯片嵌入式安全技术

续表

序号	新技术名称
11	工控网络安全智能模糊测试技术
12	电力数据共享可信与分布式记账技术
13	电力系统智能合约技术
14	多主体数据跨链协同技术

2022 年 10 月公布了 2022 年第二批新技术产品挂网试运行及推广应用目录（2022 年第二批及工器具专题）评审结果（见表 4-2 和表 4-3）。

表 4-2　　　　　2022 年第二批新技术产品推广应用项目

序号	新技术名称
一、变电技术领域	
1	加强型全防护干式空心电抗器
二、配电技术领域	
1	配网电缆沟道智能巡检机器人
三、计量与用电技术领域	
1	新一代单相智能电表
2	新一代三相智能电表
3	智能量测终端

表 4-3　　　　　2022 年第二批工器具新技术推广应用项目

序号	新技术名称
一、生产技术领域	
1	110kV 电容式电压互感器免拆线适配装置
2	高压电缆状态量智能巡检设备

续表

序号	新技术名称
3	数字化电网便携式巡检装备
4	全自动直流电阻测试仪
5	电力变压器绕组变形检测装置
6	多通道无线电容电感测试分析仪
二、安全工器具技术领域	
1	线排通用接地线
2	万能安全工器具套装
3	输电线路轻便型登塔防坠装置
4	新型登塔防坠系统
5	防坠落手套
6	配电多用途绝缘杆成套装置
7	防触电采摘槟榔装置
8	安全带防坠落保护"平安环"
9	移动消防砂箱车
10	绝缘操作杆专用系列组合工器具
11	新型重力锁定防脱落万向接地棒
三、计量与用电技术领域	
1	低压回路作业防护绝缘夹
2	便携式用电检查终端

2023年2月公布了2022年第三批新技术产品挂网试运行及推广应用目录评审结果（见表4-4）。

表 4-4　　　　　　2022 年第三批新技术产品推广应用项目

序号	新技术名称
1	避雷器状态监测装置
2	中性点电压源消弧装置
3	仪表校验智能机器人
4	自主可控交联聚乙烯绝缘料高压电缆
5	可控式防脱型高压电力线路个人保安线
6	新型智能化配网通信柜
7	便携型二次线线头绝缘包裹套

第五章

电网工程"四新"绿色效能评估体系研究

第一节 绿色效能评估指标构建

一、构建指标原则

评价指标既有定性指标，也有定量指标，如选取不当，易存在冗余指标、指标实用性不强或存在概念不清、指标使用结果不精确等问题。因此，效能评估指标体系的建立需从指标属性、指标用途和指标适用性等多方面考虑。从指标属性看，要考虑指标的层级，结合绿色效能定义和新型电力系统背景特征以及"四新"特征，突出效率与性能；从指标用途看，考虑各指标的聚焦性即能够突出"四新"效能，为减碳计量服务；从指标适用性看，需考虑指标的实用性、非冗余性。

指标体系设置大致遵循完备、客观、可操作性等原则。

（1）整体完备性原则。评价指标体系作为一个有机整体，应该能从不同的侧面反映"四新"应用成效水平。

（2）客观性原则。评价指标是评价结果客观准确的根本保证，应该重视保

证评价指标体系的客观公正，同时要保证数据来源的可靠性、准确性和评估方法的科学性。

（3）可操作性原则。评价指标体系的建立是为进行评价而服务的，在实际的运用中才能体现其价值，因此每个指标都应该具有可操作性，整个评价指标体系应该简明、易于操作、具有实际应用功能。

（4）科学性原则。评价指标体系必须建立在科学的基础上，即指标的选择与指标权重的确定、数据的选取、计算与合成必须以公认的科学理论（统计理论、系统理论、管理与决策科学理论等）为依据。

（5）可比性原则。指标的选择要保证同趋势化，使评价指标在横向及纵向上具有可比性。这个问题也可以通过指标的标准化过程来解决。同时，可比性要求具有可测性，没有可测性的指标是难以进行比较的。

（6）映射原则。有时要评价某个目标时，很难找到直接反映该问题的指标或该指标难以实际操作，这时可以从目标实现所体现出来的现象进行映射提炼。

（7）灵活性原则。评价指标体系的结构应具有可修改性和可扩展性，针对"四新"应用绿色效能评价的要求，对评价指标体系中的指标进行修改、添加和删除，依据不同的情况将评价指标进一步具体化，以适应各种具体的评价要求。

指标体系构建具体包括发散、收敛以及试验修订三个阶段。

（1）发散阶段。发散阶段的主要任务是分解目标，提出详尽的初拟指标。鉴于评价所依据的目标一般比较概括，所以在拟订相应的评价内容（指标）时，需进一步分解、细化目标，使之可以观察和测量。在初拟指标时，一般采用集体讨论的方法，召集有关人员，集思广益，详细列出与目标有关的所有指标，力求完备。这些指标可以来自各个方面，有关人士所关注的问题、以往实践的经验总结和评价文献中的研究发现、专业人员的咨询意见等。

（2）收敛阶段。收敛阶段的主要任务是对初拟的指标体系进行归并和筛选。由于受到时间和人力、物力的限制，一次评价是不可能回答所有问题的。因此，收敛阶段是必不可少的。收敛的目的是精简指标，使其更能体现目标的本

质，以保证评价的有效性，同时，突出评价的重点，使评价具有更强的可行性。

（3）试验修订。在经过筛选、归并，确定了评价指标体系后，还应当制定相应的评定标准，选择适当的评价对象进行小范围的试验，并根据试验的结果，对评价指标体系及评定标准进行修订。

评价指标体系构建过程如图5-1所示，主要步骤包括评价指标的初选，评价指标的筛选，指标体系检验三部分。评价指标体系的完善主要是指标的扩充、删除、修改等环节。

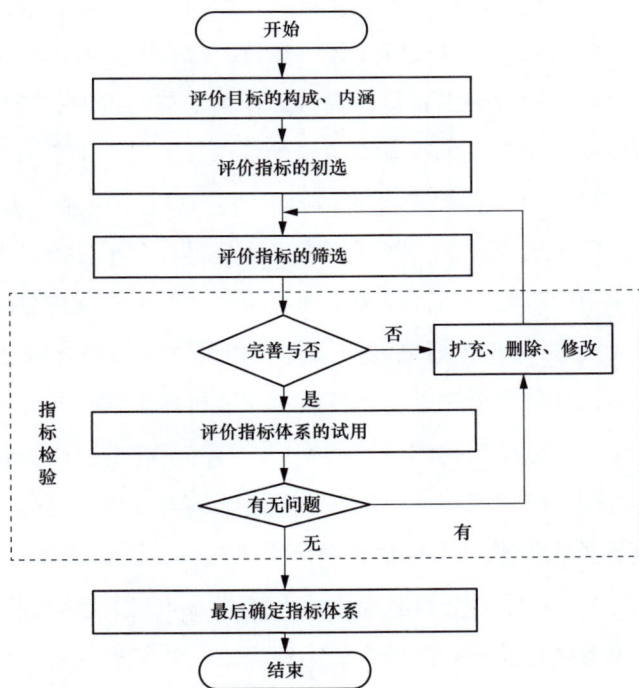

图5-1 评价指标体系构建过程

二、构建指标体系

按新型电力系统应具备清洁低碳、安全充裕、经济高效、供需协同、灵活智能五大重要特征，绿色效能突出效率与性能，新型电力系统建设背景下电网工程"四新"绿色效能指标应具备清洁低碳、安全充裕、经济高效、供需协

同、灵活智能特征的效率与性能，清洁低碳体现低碳性，安全充裕、供需协同综合体现安全性和公平性，经济高效、灵活智能综合体现经济性和安全性，综合指标层级应体现安全性、低碳（环保）性、经济性、公平性。

考虑到新技术目录众多，效能评估指标设计时考虑其一般性。安全性是"四新"应用后对电网、设备和人身的安全影响，对电网影响具体表现为提升供电可靠性、提升供电质量、提升设备健康水平和提升信息安全性等；对人身的影响主要表现为推动职业健康安全等。低碳（环保）性是"四新"应用后提升了低碳属性，主要包含减少有害气体排放、碳减排量、降低噪声污染等。经济性是"四新"应用后对电网投资建设、运营，设备和人身的经济性影响，对电网投资建设、运营的影响主要包含降低工程量、节约占地、减少土方开挖和植被破坏、提高建筑安装效率、节约运输量等，其中对于工程造价提升的，采用指标负向化处理；对设备和人身的影响主要包含降低线损、提升设备效率、延长使用寿命、提升巡检效率、降低运维工作量等。公平性是"四新"应用程度和"四新"应用后对内外部资源使用的影响，主要包含促进分布式消纳、资源共享开放等（见表 5-1）。如电缆隧道巡检机器人，该技术属于输电技术领域设备类新技术，具备多个先进功能模块：加装机械手臂、与原有在线监测装置进行数据交互、隧道结构检测、移动客户端 App、联动式火灾探测等，均具备较高技术创新性。应用该技术，扩展了隧道结构与环境监测范围，构建了基于隧道内其他各类在线监测数据的机器人信息交互系统，实现了数据共享应用；开发移动终端（PDA）上的巡检机器人管理 App，实现智能移动终端获取当前设备实时状态信息以及对机器人的本地控制。从其成效看，推动了职业健康安全工作，提升了巡检效率，实现了数据资源共享开放，分别见表 5-1 中安全性—推动职业健康安全，经济性—提升巡检效率和公平性–资源共享开放指标。其他"四新"绿色效能评估均可基于其技术原理和成效选取评估指标。同时基于第四章涉及的"四新"梳理，表 5-1 中"四新"绿色效能评估指标基本涵盖所梳理的类型所涉指标。

"四新"绿色效能评估指标集如表 5-1 所示。"四新"与绿色效能评估指标对应参考如表 5-2 所示。

表 5-1 "四新"绿色效能评估指标集

层级	评价指标	备注
安全性	提高供电可靠性(不含本指标集中其他指标引起的供电可靠性提升)	
安全性	提升供电质量	
安全性	提升信息安全	
安全性	推动职业健康安全	
安全性	提升设备健康水平	
低碳(环保)性	减少有害气体排放	
低碳(环保)性	碳减排量(不含本指标集中其他指标引起的减碳)	促进集中式清洁能源消纳和设备节能等引起的碳减排
低碳(环保)性	降低噪声污染	
经济性	提升输电能力	
经济性	降低工程量(不含本指标集中其他指标引起的工程量降低)	
经济性	节约占地	
经济性	减少土方开挖和植被破坏	
经济性	降低线损	
经济性	提升设备效率	
经济性	提升巡检效率	
经济性	提高建筑安装效率	
经济性	节约运输量(不含本指标集中其他指标引起的运输量降低)	
经济性	延长使用寿命	
经济性	降低运维工作量(不含本指标集中其他指标引起的降低运维工作量)	
公平性	促进分布式消纳	促进分布式清洁能源消纳
公平性	资源共享开放	信息、数据等资源共享开放

注 "四新"绿色效能评估指标可根据实际情况选取,如无相似指标可增加。

表 5-2　　　　　　　　　　"四新"与绿色效能评估指标对应参考表

评价指标	"四新"			
	新材料	新设备	新工艺	新技术
提高供电可靠性		√		√
提升供电质量		√		√
提升信息安全		√		√
推动职业健康安全	√	√	√	
提升设备健康水平	√	√		√
减少有害气体排放		√	√	
碳减排量		√		√
降低噪声污染	√	√	√	√
提升输电能力		√		√
降低工程量	√	√	√	√
节约占地	√	√	√	√
减少土方开挖和植被破坏	√	√	√	√
降低线损	√	√		√
提升设备效率		√		√
提升巡检效率		√	√	√
提高建筑安装效率	√	√	√	√
节约运输量	√	√	√	√
延长使用寿命	√	√		√
降低运维工作量	√	√	√	√
促进分布式消纳		√		√
资源共享开放		√		√

注　"四新"绿色效能评估指标根据实际应用效果选取。

　　针对上述指标，对于指标成效具有交叉的，如降低工程量和节约占地，节约占地也是降低工程量，但应作进一步区分，避免重复评估，放大其成效评估结果。具体评估时，可根据实际选取符合各"四新"应用效果的合适指标进行评估，如无相似指标，可酌情增加。

　　为量化评估各指标，考虑到指标大部分为提升或降低幅度等相对指标，因此，可将指标量化按离散型变量处理，按指标变化幅度分档评定，档次可设置3~5级，分别按标度法即0~35、35~70、70~100，0~25、25~50、50~75、75~100，0~20、20~40、40~60、60~80、80~100分级量化评估，变化幅度越大或等级值越高，得分越高。对于安全性、低碳性和经济性指标较难量化具体幅度的，可按高、较高、一般、较低、低处理，并通过同类横向比较评估，如所有具有降低线损成效的新技术，选取其中成效最低作为基准，其余则与基准逐一比较评估；对于能够给定区间范围的，其评语集也可以按高、较高、一般、较低、低表述。对于公平性指标，如促进分布式消纳按消纳比例高低处理，可按非常高、较高、一般、较低、很低表述；资源共享开放按网、省、市级层面共享三级评定；基于评估结果，可为推广应用程度评定提供支撑，如按全网推广、全省推广、全市推广、试点运行四级评定。"四新"绿色效能评估指标量化方法如表5-3所示。

表5-3　　　　　　　"四新"绿色效能评估指标量化方法

评价指标	量化方法
提高供电可靠性	根据供电可靠性提升幅度或相对提升幅度分档
提升供电质量	根据供电质量提升幅度或相对提升幅度分档
提升数据安全	根据数据安全性提升幅度或相对提升幅度分档
推动职业健康安全	根据职业健康安全提升幅度或相对提升幅度分档
提升设备健康水平	根据设备健康水平提升幅度或相对提升幅度分档
减少有害气体排放	根据有害气体减少幅度或相对减少幅度分档
碳减排量	根据碳减排幅度或相对减排幅度分档
降低噪声污染	根据噪声分贝降低幅度或相对降低幅度分档

续表

评价指标	量化方法
提升输电能力	根据输电能力提升幅度或相对提升幅度分档
降低工程量	根据工程量消耗降低幅度或相对降低幅度分档
节约占地	根据土地节约幅度或相对节约幅度分档
减少土方开挖和植被破坏	根据开挖和破坏面积减少幅度或相对减少幅度分档
降低线损	根据线损降低幅度或相对降低幅度分档
提升设备效率	根据设备利用效率提升幅度或相对提升幅度分档
提升巡检效率	根据巡检效率提升幅度或相对提升幅度分档
提高建筑安装效率	根据安装效率提升幅度或相对提升幅度分档
节约运输量	根据成本降低幅度或相对提升幅度分档
延长使用寿命	根据寿命延长幅度或相对延长幅度分档
降低运维工作量	根据工作量降低幅度或相对降低幅度分档
促进分布式消纳	根据消纳比例或相对消纳比例高低分档
资源共享开放	根据网、省、市级层面共享三级评定

注 相对幅度主要是基于基准水平的比较，基准水平主要以该类成效指标水平最低为准则。

第二节　绿色效能评估模型构建

一、评估方法构建原则

在建立指标后，需进一步对指标进行综合评价，即建立综合评价指标体系方法。由于指标量化方法采用的是分档标度和评分，因此，对于较难量化变化幅度或无应用先例的，单就高、较高、一般、低、较低判断存在一定的主观因

素。基于该评估对象，需选取相对适合的评估方法。模糊评价通过精确的数字手段处理模糊的评价对象，能对蕴藏信息呈现模糊性的资料作出比较科学、合理、贴近实际的量化评价。评价结果是一个向量，而不是一个点值，包含的信息比较丰富，既可以比较准确地刻画被评价对象，又可以进一步加工，得到参考信息。模糊综合评价方法的适用性强，它既可用于主观因素的综合评价，又可用于客观因素的综合评价。因此，可选用模糊综合评价进行评价。模糊综合评价一方面需考虑指标赋权，另一方面需考虑模糊关系矩阵的构建。指标赋权由于关系到综合评估值，其一定程度上影响综合评估值隶属等级的判定，因此，需选用科学合理的赋权方法，常用的有组合赋权法，既考虑了指标的相对重要性，又考虑了指标的实际信息。模糊关系矩阵需考虑模糊隶属度函数，考虑到方法的实用性，需尽量简单适用。考虑到不同人的主观影响，可基于各评语集下人员比例来构造模糊关系矩阵。

二、综合评估方法

1. 指标赋权

指标赋权方法通常有主观赋权法、客观赋权法和组合赋权法，而主观、客观赋权通常分别采用层次分析法、熵权法。序关系分析法（G1）是在层次分析法的基础上，改进的一种主观赋权法，是一种定性与定量相结合的、层次化的、系统化的决策分析法，具有运算简便、适用范围广的特点。其主要计算步骤如下。

（1）确定评价指标的序关系。假定上一层的元素 A 作为准则，对下一层元素 X_1，X_2，$\cdots$，X_n 有支配关系，比较 n 个元素对准则 A 的影响，选出在准则 A 下决策者认为最重要的一个指标记为 $*X_1$，在余下的（$n-1$）个指标中，选出最重要的指标记为 $*X_2$，按这种方法确定各元素之间的序关系 $*X_1 > *X_2 > *X_3 > \cdots > *X_n$。

（2）给出各元素之间相对重要程度的判断，设在准则 A 下，元素 X_{k-1} 与元

素 X_k 重要性程度之比：

$$W_{k-1}/W_k=r_k \tag{5-1}$$

式中：r_k 的赋值可参考表 5-4。

表 5-4 r_k 参考赋值

r_k	说明
1.0	指标 X_{k-1} 与指标 X_k 具有同样重要性
1.2	指标 X_{k-1} 比指标 X_k 稍微重要
1.4	指标 X_{k-1} 比指标 X_k 明显重要
1.6	指标 X_{k-1} 比指标 X_k 强烈重要
1.8	指标 X_{k-1} 比指标 X_k 极端重要

（3）计算权重系数 W_i。根据 r_k 的理性赋值，各指标的权重系数为：

$$\begin{cases} W_n=(1+\sum_{k=2}^{n}\prod_{i=k}^{n}r_i)^{-1} \\ W_{k-1}=r_kW_k, \ k=n, \ n-1, \ \cdots, \ 2 \end{cases} \tag{5-2}$$

CRITIC 法是一种比熵权法和标准离差法更好的客观赋权法。它是基于评价指标的对比强度和指标之间的冲突性来综合衡量指标的客观权重。考虑指标变异性大小的同时兼顾指标之间的相关性，并非数字越大就说明越重要，完全利用数据自身的客观属性进行科学评价。对比强度是指同一个指标各个评价方案之间取值差距的大小，以标准差的形式来表现。标准差越大，说明波动越大，即各方案之间的取值差距越大，权重会越高；指标之间的冲突性，用相关系数进行表示，若两个指标之间具有较强的正相关，说明其冲突性越小，权重会越低。其主要计算步骤如下。

（1）计算各指标的标准差：

$$\sigma_j=\sqrt{\frac{1}{m-1}\sum_{i=1}^{m}(X_{ij}-\bar{X}_j)^2} \tag{5-3}$$

式中：$\bar{X}_j$ 为 m 个方案中指标 X_j 的平均值；σ_j 为评价指标 X_j 的标准差。

具体到本项目应用，m 个方案主要指 m 个不同人员所给定的指标评判。为

充分评估指标成效且能够横向比对，无相关成效评估指标的可赋零值。

（2）计算各指标之间的相关系数并构建相关系数矩阵 R。

$$r_{ij} = \frac{\sum\limits_{i=1}^{n}(X_i-\bar{X}_i)(X_j-\bar{X}_j)}{\sqrt{\sum\limits_{i=1}^{n}(X_i-\bar{X}_i)^2\sum\limits_{j=1}^{n}(X_j-\bar{X}_j)^2}} \tag{5-4}$$

式中：$\bar{X}_i$ 为指标 X_i 的所有方案平均指标值；$\bar{X}_j$ 为指标 X_j 的所有方案平均指标值；r_{ij} 为指标 X_i 与指标 X_j 的相关系数。

（3）计算评价指标所包含的信息量：

$$C_j = \sigma_j \sum\limits_{i=1}^{n}(1-r_{ij}) \tag{5-5}$$

（4）计算各评价指标的客观权重：

$$W_j = \frac{C_j}{\sum\limits_{j=1}^{n}C_j} \tag{5-6}$$

综合权重根据最小鉴别信息原理，目标函数为：

$$\begin{cases} \min J(\omega) = \sum\limits_{i,j=1}^{n}\left(\omega_j\ln\dfrac{\omega_j}{W_i}+\omega_j\ln\dfrac{\omega_j}{W_j}\right) \\ \text{s.t.} \sum\limits_{j=1}^{n}\omega_j=1, \ \omega_j\geq 0 \end{cases} \tag{5-7}$$

则综合权重为：

$$\omega_j = \frac{\sqrt{W_iW_j}}{\sum\limits_{i,j=1}^{n}\sqrt{W_iW_j}} \tag{5-8}$$

2. 模糊综合评估

（1）确定评价对象的因素 U，则 n 个评价指标，$U=\{U_1, U_2, \cdots, U_n\}$ 评价。

（2）建立评语集 V，确定评价等级，$V=\{V_1, V_2, \cdots, V_n\}$；对于该项目，建立五个等级的评语集，$V=$（非常高，较高，一般，较低，很低）。在评级中，每一项指标均设定为 100 分制，因此，对于得分 0~20 分，设定其评语为低；20~40 分，设定评语为较低；40~60 分，设定评语为一般；60~80 分，设定评语为较高；80~100 分，设定评语为高。

（3）建立模糊关系矩阵 $R=(r_{ij})$，建立各评价因子对每级标准的隶属函数 r_{ij}；模糊关系矩阵即为判断绩效水平的人数比例矩阵。

（4）基于各评价指标权重集 $\omega=(\omega_1, \omega_2, \cdots, \omega_n)$ 和隶属度模糊矩阵 R，得出模糊综合评价结果 Z，从而得到绿色效能指数水平综合判别结果。

三、分类分析方法

1. 聚类分析方法

由于各"四新"所在领域或专业存在不同，需进一步评估各专业或领域重要性，才能同口径比较分类，即在上述综合评估基础上再考虑专业权重。以此为基础，从指标集中随机选取 k 个初始聚类中心 O_p（$p \in [1, k]$），取 $k \in (1, \sqrt{j})$。按式（5-9）计算其余数据集与 O_p 的距离：

$$d(I', O_p)=\sqrt{\sum_{q=1}(I'_q-O_{pq})^2} \tag{5-9}$$

式中：I'_q、O_{pq} 分别为 I' 和 O_p 的第 q 个属性值。

找出距离最短的聚类中心 O_p，将其数据集归到聚类中心 O_p 所对应的类中，重新计算该类数据的均值作为新的聚类中心的中心值，并进行迭代，直到聚类中心不再变化。最终得到 k 个聚类，$I'=\{I'_1, \cdots, I'_k | k=1, \cdots, round(\sqrt{i})\}$。

该方法可通过统计分析软件实现。

2. 逼近理想解法

（1）基于综合评估结果，确定 q 个"四新"应用的最优与最劣方案。

$$\begin{cases} Z^{*+}=\max_p(Z_1, Z_2, \cdots, Z_q) \\ Z^{*-}=\min_p(Z_1, Z_2, \cdots, Z_q) \end{cases} \tag{5-10}$$

（2）计算最优与最劣距离。

$$\begin{cases} D_p^{*+}=\sqrt{\sum_p(Z_p-Z^{*+})^2} \\ D_p^{*-}=\sqrt{\sum_p(Z_p-Z^{*-})^2} \end{cases} \tag{5-11}$$

（3）根据最优与最劣距离计算相对接近度。

$$C_p = \frac{D_p^{*-}}{D_p^{*+} D_p^{*-}} \tag{5-12}$$

式中：C_p 取值范围处于 0 和 1 之间，C_p 越大，说明被评价对象越接近最优方案，反之，说明被评价对象越接近最劣方案。

（4）根据相对接近度水平，给出大致分类。

第三节 绿色效能评估机制构建

在建立绿色效能评估方法后，需建立相应的配套机制，为支撑"四新"和绿色效能评估应用提供保障。基于"四新"特征和评估指标、方法体系，配套机制主要从动态评估、科学比较反馈、横向纵向评估三方面构建。

一、分类评估机制

电网工程可能包含一项或多项"四新"，分类评估机制即针对各类"四新"，以具体的"四新"为评估单元，评估"四新"绿色效能情况。适用于需具体评估各类"四新"绿色效能情景。

1. 动态评估机制

"四新"的基本特征在于其"新"，意味着相对于传统技术装备，具有创新性，同时具有持续迭代特征，效能指标值在技术革新周期内存在持续变动可能。因此，绿色效能评估必须相应地开展动态评估，建立动态评估机制，以技术革新为周期，适时滚动更新数据，以合理评估该技术装备绿色效能指数水平，确保效能指数的实时性和适用性。

从指标特征看，由于其相对属性，技术革新带来的是指标成效提升和成本降低幅度的变化，即可能带来指标水平层级的提升，如原来从一般提升到较

高，同时某类技术革新的迭代速度快于其他类型技术，也可能将使其整体效能水平提升高于其他类型技术，如从原来的较高提升到非常高，而其他类型技术仍为原来水平。基于其评估结果的变化，也将影响该类技术的应用策略，如某类技术其经济性大增，由原来的末档提升到二档；再如某类技术由于迭代更新较慢，其效能指数虽然有小幅度提升，但相对于其他类型技术提升幅度较小，应用优先级由原来的一档降为二档。同时，新的技术可能孕育而生，进一步扩展了待评估对象。因此，基于动态评估机制，能够确保"四新"应用策略的实时性，保障并提升公司绿色效能指数水平，推动加快构建新型电力系统。

动态评估机制实施步骤如下。

（1）在技术更新周期内，对各"四新"应用效果开展更新评估，基于评估结果，必要性时更新评估指标。

（2）邀请各专业部门、专家对指标进行评估，对于成效有所变化的指标，相应更新其指标值。

（3）对变化的"四新"应用绿色效能重新进行综合评估，更新其综合评估指数水平。

（4）对于技术未变化的，则考虑物价波动等因素，着重更新其造价等成本数据，使各类型技术整体指数水平在同一口径水平。

（5）将变化的和未变化的纳入同一分类对象，基于聚类分析或逼近理想解法，开展分类分档，评估各类技术应用优先级。

（6）总结提炼动态评估机制，提炼关键指标，如动态评估周期、动态评估频次、"四新"应用新增数量、所在分档"四新"应用数变化率、"四新"效能指数变化区间等。

2. 科学比较和反馈机制

由于"四新"是相对于传统技术装备而言，各评价指标也是相对指标，各指标是相对于传统技术装备创新而带来的各项绿色效能提升，其量化评估需要一定的工程实践经验和数据支撑，但部分类型可能还在试点或落地中，相关指标评估还未有数据积累，同时，选取合适的类比对象关系指标的科学取值，也

关系到绿色效能指数的合理性。为此，应：①加快推动具备可行性的技术推广应用，积累指标数据；②加强评估的全面性，需选取多个专业、具有工程实践经验或相应领域专家进行评估，提升评估结果的科学性；③及时反馈应用成效，为效能评估提供支撑依据；④选取合适的类比对象，推动建立科学比较和反馈机制，对评估结果实行公开制，各单位加以评估反馈，以免过高或过低评估效能水平，从而使评估结果失真。

科学比较和反馈机制实施步骤如下。

（1）基于年度进行的"四新"公开征集和推广应用工作，结合评估结果，加快一批具备先进可靠的技术推广应用，并通过后评价和回头看等工作机制，及时反馈应用效果，收集积累数据。

（2）对于还不具备推广或无试点应用、在用技术，收集国外实践公开数据，同步选取多个专业、具有类似或传统技术实践经验或相应领域专家开展预评估。

（3）选取合适的类比对象，基于收集反馈数据，由各专业、具有工程实践经验或相应领域专家进行评估。

（4）对评估结果和动态更新结果适时公开，通过公开征集意见，及时收集反馈，合理且动态反馈并修正评估结果。

（5）总结提炼科学比较和反馈机制，提炼关键指标，如年新增推广应用数、具备完善数据"四新"数、国内未开展国外已有实践"四新"数等。

3. 横向纵向评估机制

"四新"应用评估包含横向和纵向两个评估维度。通过各类"四新"的横向评估，可以看出各类"四新"绿色效能指数水平和对绿色低碳电网建设的贡献水平，对绿色低碳电网建设的贡献水平需在各"四新"应用绿色效能评估指数基础上，进一步考虑各专业或领域重要性。动态评估涉及纵向评估机制，基于纵向评估机制，比较各类"四新"的绿色效能指标变化情况，可以直观看到各类"四新"的提升水平。

横向纵向评估机制实施步骤如下。

（1）应用绿色效能评估模型，评估各"四新"应用绿色效能指数，横向

比较分析各"四新"应用绿色效能指数水平，基于所在专业权重，评估各"四新"应用对绿色低碳电网建设的贡献水平。绿色效能指数水平越高或档次越靠前，对绿色低碳电网建设的贡献水平越高。

（2）基于动态评估，从时间脉络上，纵向比较各类"四新"的绿色效能指标变化情况，评估各类"四新"效能指数的提升水平。

（3）总结提炼横向纵向评估机制，提炼关键指标，如效能指数提升率、绿色低碳贡献率等。

分类评估配套机制评估指标集如表5-5所示。

表5-5　　　　　　　　　　　分类评估配套机制评估指标集

配套机制	评估指标
动态评估	动态评估周期
	动态评估频次
	"四新"应用新增数量
	所在分档"四新"应用数变化率
	"四新"效能指数变化区间
科学比较和反馈	年新增推广应用数
	具备完善数据"四新"数
	国内未开展国外已有实践"四新"数
	项目单位反馈频次
横向纵向评估	效能指数提升率
	绿色低碳贡献率

二、总体评估机制

总体评估机制即针对所有"四新"，不再区分具体"四新"类别，以具体应用场景如生产场所、变电站、线路等为评估单位，针对所有"四新"，评估

其绿色效能情况。适用于总体评估所有"四新"绿色效能情景。由于各绿色效能指标最终可体现为减碳量，因此总体评估主要可关注减碳量。总体评估机制也可细分为动态评估、科学比较和反馈、纵向评估机制，基于"四新"绿色效能指数变化情况，动态评估减碳量。具体参考分类评估机制。总体评估机制下，可相应提炼关键指标，如减碳量、减碳量变化率等。

总体评估配套机制评估指标集如表5-6所示。

表 5-6　　　　　　　　　　总体评估配套机制评估指标集

配套机制	评估指标
总体评估	减碳量
	减碳量变化率

第六章

电网工程"四新"减碳计量规则编制

一、计量标准规范综述

碳核算机制是一个多元主体的体系，整体而言，国家层面，碳核算的方式以《IPCC 国家温室气体清单指南》为主流国际标准；省份层面，国家发展和改革委员会（简称发改委）于 2011 年 5 月发布了《省级温室气体清单编制指南（试行）》，结合我国实际提供了不同的层级方法和可供选用的缺省值；城市层面，其温室气体清单编制主要依据《省级温室气体清单编制指南》《IPCC 国家温室气体清单指南》及发改委发布的 24 个行业《企业温室气体排放核算方法与报告指南》等；行业和企业层面，主要有 24 个行业的《企业温室气体排放核算方法与报告指南》；企业可以依靠排放因子法、质量平衡法或实测法进行相关的碳核算与报告；产品层面，英国标准协会（BSI）于 2008 年发布了全球第一部产品碳足迹标准——《PAS 2050 标准》，通过对产品或服务的全生命周期，从原材料到生产（或服务供给的各个环节）、分配、使用和回收处置的

温室气体排放的核算，并根据各种温室气体的全球暖化潜力（GWP）折算成
CO_2 当量，来反映产品或服务的碳足迹及其对气候变化的影响。自 2012 年开
始，国际标准组织 ISO 颁布了产品碳足迹核算标准 ISO 14067，用于指导使用
生命周期评估方法而进行的产品碳足迹量化以及对外交流。

碳核算相关规范如表 6-1 所示。

表 6-1　　　　　　　　　　碳核算相关规范

序号	规范名称
1	《IPCC 国家温室气体清单指南》
2	《省级温室气体清单编制指南（试行）》
3	《社区温室气体排放全球议定书》
4	《GPC 2012 碳核算报告试点框架》
5	《建筑碳排放计算标准》
6	《绿色建材产品减碳计算导则（试行）》
7	《基于项目的温室气体减排量评估技术规范　通用要求》
8	《工业企业温室气体排放核算和报告通则》
9	《电子设备制造企业温室气体排放核算方法和报告指南（试行）》
10	《氟化工企业温室气体排放核算方法和报告指南（试行）》
11	《工业其他行业企业温室气体排放核算方法和报告指南（试行）》
12	《公共建筑运营单位（企业）温室气体排放核算方法和报告指南（试行）》
13	《机械设备制造企业温室气体排放核算方法和报告指南（试行）》
14	《矿山企业温室气体排放核算方法和报告指南（试行）》
15	《陆上交通运输企业温室气体排放核算方法和报告指南（试行）》
16	《其他有色金属冶炼和压延加工企业温室气体排放核算方法和报告指南（试行）》
17	《食品、烟草及酒、饮料和精制茶企业温室气体排放核算方法和报告指南（试行）》

序号	规范名称
18	《造纸和纸制品生产企业温室气体排放核算方法和报告指南（试行）》
19	《中国电解铝生产企业温室气体排放核算方法和报告指南（试行）》
20	《中国电网企业温室气体排放核算方法和报告指南（试行）》
21	《中国发电企业温室气体排放核算方法和报告指南（试行）》
22	《中国钢铁生产企业温室气体排放核算方法和报告指南（试行）》
23	《中国化工生产企业温室气体排放核算方法和报告指南（试行）》
24	《中国煤炭生产企业温室气体排放核算方法和报告指南（试行）》
25	《中国镁冶炼企业温室气体排放核算方法和报告指南（试行）》
26	《中国民航企业温室气体排放核算方法和报告指南（试行）》
27	《中国平板玻璃生产企业温室气体排放核算方法和报告指南（试行）》
28	《中国石油化工企业温室气体排放核算方法和报告指南（试行）》
29	《中国石油天然气生产企业温室气体排放核算方法和报告指南（试行）》
30	《中国水泥生产企业温室气体排放核算方法和报告指南（试行）》
31	《中国陶瓷生产企业温室气体排放核算方法和报告指南（试行）》

二、计量规则综述

排放因子法是适用范围最广、应用最为普遍的一种碳核算办法，基本方程：温室气体（GHG）排放 = 活动数据（AD）× 排放因子（EF）。排放因子法将生产活动划分为若干流程，基于现有数据和公式算出每个流程的碳排放量，如建筑碳排放核算，分为建造、运行、拆除阶段和建材生产制造阶段，建筑碳排放即指建筑物在与其有关的建材生产及运输、建造及拆除、运行阶段产生的温室气体排放的总和，以二氧化碳当量表示。计算边界主要指与建筑物建材生产及运输、建造及拆除、运行等活动相关的温室气体排放的计算范围。核算方法和标准规范在行业、项目或产品层面进行了相关研究和应用。

1. 电力行业

对于电力行业，部分单位申请了电力行业碳排放分析方法的发明专利，如特斯联科技集团有限公司在 2021 年申请的专利《一种电力行业碳排放分析方法》：将电力行业划分为多个机构，获取不同机构的电力设备参数；根据不同机构的电力设备参数计算该机构的理论碳排放值，并根据不同机构的理论碳排放值计算电力行业整体的理论碳排放值。其中理论碳排放值计算如下：①将生产端的设备生产功率输入生产理论碳排放公式中，计算生产端理论碳排放值；②将传输端的电压值、传输线路长度和传输线径输入传输理论碳排放公式中，计算传输端理论碳排放值；③将变电端的设备变电功率输入变电理论碳排放公式中，计算变电端理论碳排放值；④将分配端的设备分配功率、分配电压、分配线路长度和分配线径输入分配理论碳排放公式中，计算分配端理论碳排放值；⑤将使用端的用电量参数输入使用端理论碳排放公式中，计算使用端理论碳排放值；⑥对生产端、传输端、变电端、分配端和使用端的理论碳排放值求和，得到电力行业整体的理论碳排放值。

根据不同机构的运行参数计算该机构的实际碳排放值，并根据不同机构的实际碳排放值计算电力行业整体的实际碳排放值。其中实际碳排放值计算如下：①每隔预设时间获取一次生产端、传输端、变电端、分配端、使用端的碳排放量，抽取其中 m 次的碳排放量并求取平均值，将平均值设定为实际碳排放值；②对生产端、传输端、变电端、分配端和使用端的实际碳排放值求和，得到电力行业实际的理论碳排放值。

将电力行业整体的理论碳排放值和实际碳排放值进行比对，当比对差值大于第一比对阈值时，输出碳排放超标信号；当接收到碳排放超标信号后，对电力行业的运行设备进行碳排放排查。

该方法主要思路是将电力行业碳排放划分至生产端、传输端、变电端、分配端和使用端，基于理论计算和实际监测数的比较结果，为碳排放排查提供决策。其中碳排放量理论计算主要基于设备功率、设备规模等与碳排放密切相关的参数以及转换系数折算。

2. 项目层面—在建项目

对于项目层面，如电网建设项目碳排放，部分单位申请了电网建设项目碳排放核算方法的发明专利，如浙江电力工程咨询有限公司在 2022 年申请的专利《一种适用于电网建设项目的碳排放核算方法》：根据项目实施阶段以及实施阶段的各个环节物料需求特性确定碳排放核算边界。通过投入产出法确定碳排放源表征的物料种类及其排放的气体种类；通过查表法确定各个碳排放源的活动水平数据和排放因子数据；根据核算指南确定各核算边界内的各种气体的排放量，整合各核算边界内的碳排放量确定工程建设项目的总碳排放量。

项目实施阶段包含设计期和施工期。设计期包括原材料的核算阶段、设备生产的核算阶段、设备运输的核算阶段、台班能耗的核算阶段、施工土地占用或植被破坏的核算阶段。其中对于原材料的核算，其核算边界包括金属钢材、混凝土、石灰类、石质材料、砖类、水泥、木材、陶瓷、砂浆；原材料的碳排放核算公式为：原材料 CO_2 排放量 = 原材料的活动水平数据 × 原材料的碳排放因子。原材料碳排放的核算边界为生产阶段碳排放，除砂浆以外不包括运输碳排放，并给出了原材料碳排放因子。

对于设备生产的核算，其核算边界为变电站建设生产设备和输电线路建设生产设备，其中变电站建设生产设备和输电线路建设生产设备通过项目设备购置清单进行查询；设备生产的碳排放核算公式为：设备生产 CO_2 排放量 = 设备生产料的活动水平数据 × 设备生产的碳排放因子 × $(1+0.08)^{m-n}$，其中，n 为设备购置费清单编写年份，m 为项目完工的年份。设备生产碳排放主要利用投入产出法对设备生产的间接碳排放进行核算。

对于设备运输的核算，设备运输的碳排放核算公式为：设备运输 CO_2 排放量 = 设备重量 × 运输距离 × 设备运输的碳排放因子，给出了不同运输方式的碳排放因子。

对于台班能耗的核算，机械台班的能耗缺省值参考住建部《建筑碳排放计算标准》（GB/T 51366—2019）以及《2018 年全国统一施工机械台班费用定

额》。《2018 年全国统一施工机械费用定额》提供了各种机械单位台班的柴油、汽油和电力消耗参考值，基于汽油、柴油、电力等三种常见能源的单位台班能耗量以及碳排放因子得出单位台班的碳排放估算值；台班能耗的核算阶段包括计算单位台班 CO_2 排放因子和机械 CO_2 排放量；其中：单位台班 CO_2 排放因子 = Σ（单位台班消耗量 × 单位台班碳排放因子），机械 CO_2 排放量 = 台班数 × 单位台班 CO_2 排放因子。

对于施工土地占用或植被破坏能耗，主要以定性分析为主。

对于原材料核增核减核算，与设计期原材料能耗核算方式相同，此部分为施工时期原材料用量变化所引起的碳排放量核增或核减。

对于施工能耗核算，核算边界包括变电站施工能耗及线路施工能耗，其碳排放主要通过对各个工序中的能源消耗种类及消耗量进行估算，其中各个工序所需物料设备根据项目施工设计规范进行确定，进而确定物料设备对应的能源类型；施工能耗 CO_2 排放量 = Σ（工序能源消耗量 × 能源碳排放因子）。

对于施工人员生活能耗核算，施工人员 CO_2 排放量 = $\lambda \times \alpha \times [\beta \times$（1+ 冬雨季施工增加费率）$+\gamma \times$（1+ 夜间施工增加费率）]× 电力碳排放因子；其中：λ 为人员数量，α 为人均居住面积，β 为人员每天使用取暖设备的电耗，γ 为人员每天使用电灯的电耗。

该方法主要思路是将电网建设项目划分至设计和施工阶段，并将设计和施工阶段进一步细分，通过排放因子法折算各细分阶段碳排放，对于排放因子缺省的通过投入产出法、文献参考修正等获得。

3. 项目层面—已建项目

对于已建项目，部分单位申请了变电站运行阶段碳排放核算方法的发明专利，如湖州电力设计院有限公司在 2022 年申请的专利《一种变电站运维阶段碳排放评价方法》：计算变电站运行阶段碳排放，主要包括建筑运行耗能、可再生能源碳补偿、运行过程中废弃物和废水的处理以及绿化植被碳汇，其中运行耗能产生的碳排放包括两部分：一部分是由包括建筑的空调系统、照明系统、热水的耗能设备产生的碳排放；另一部分是由可再生能源通过发电产生的

碳补偿；计算变电站维护阶段碳排放，维护阶段碳排放归纳为需要更换的建筑材料在生产、运输、施工以及拆除废弃过程中产生的碳排放。应用寿命周期法计算碳足迹；汇总各阶段以获取全寿命周期碳排放结果。上述技术方案在对变电站进行充分分析研究的基础上，确定变电站内各类设备的寿命周期包含生产、运输、安装、运行、报废 5 个阶段，从全寿命周期角度出发，分析各类电力设备寿命周期所经历的各个阶段及各阶段排放源；以碳足迹因子为依据，明确各阶段碳排放规模；递推累加各个阶段碳足迹分析结果，从而形成全寿命周期碳排放理论研究方法。

该方法主要思路是聚焦变电站运维阶段，明晰运行和维护阶段碳排放核算边界，以碳足迹因子为依据，明确各阶段碳排放规模。

从上述三个专利设计方法，其基本共同点是均将核算边界划分成不同阶段；不同点是对碳排放核算方法，分别采用理论计算、碳排放因子和碳足迹因子，从不同角度构建了碳计量规则。

第二节　分类评估方式下的"四新"减碳计量规则

分类评估方式下"四新"减碳计量规则即针对各类"四新"项目，以项目为评估单位，针对项目绿色效能情况，评估"四新"减碳情况。适用于需具体评估各类"四新"减碳情景。考虑到"四新"目录众多，分类评估不再按具体技术细分，主要按阶段划分，各类技术可结合实际相应代入。

一、"四新"减碳核算边界

全寿命周期包含生产、施工、运行维护、报废四个主要阶段。"四新"包含新材料、新设备、新工艺和新技术，新材料、新设备技术主要涉及生产、施工、维护、报废四个主要阶段，新工艺主要为生产、施工工艺和运维工艺，涉及生产、施工、运行维护阶段。新技术主要涉及施工、运行维护阶段。分类评

估下"四新"减碳核算边界包括：相对于传统设备材料、工艺技术，由于"四新"带来的生产、施工、运行维护节能降耗，施工、运行维护阶段效率提高，运行维护阶段性能提升、延长使用寿命等引起的碳减排，包含"四新"应用后施工运维和报废阶段涉及的人员工作生活能耗降低、设备节能降耗、设备性能和效率提升、延长使用寿命等引起的碳减排，以及"四新"应用后电网运行设备材料生产阶段涉及人员工作生活能耗降低、设备材料节约、节能降耗等引起的碳减排。

二、"四新"减碳评估

"四新"产生各类成效，而成效也将对减碳产生影响。基于绿色效能评价指标，可以根据其产生成效描述其对减碳的影响，开展减碳评估，为减碳计量规则制定提供参考。"四新"成效对减碳的影响在于由于其活动数据降低引起的碳排放降低，活动数据降低在于其节能降耗、性能提升、效率提高等，如新设备技术因其功率参数优化和新工艺由于其工艺优化而产生的活动数据降低。针对具体的安全性指标，可能存在因节能降耗、性能提升、效率提高等对减碳的影响，如提高供电可靠性成效指标，因新设备技术致电网性能提升，从而提升可靠性，若同时降低线损，因降低损耗电量而带来碳减排。再如提升信息安全成效指标，可能存在信息系统用能设备因运维减少而发生各类能耗降低，同时信息运维设备各类能耗也相应降低。针对低碳性、经济性指标，可能存在因节能降耗、效率提高、延长寿命等对减碳的影响，如减少有害气体成效指标，因新设备技术致设备性能、效率提升，运维和回收阶段减少有害气体排放，降低污染；如降低工程量，可能存在生产阶段人员因工程量降低而在工作生活降低各类能耗，设备材料因加工量降低以及由此产生的运输量降低而产生的碳减排；施工阶段人员因工程量降低而在工作生活降低各类能耗，施工设备因工程量降低而降低各类能耗；运维阶段人员因工程量降低而在工作生活降低各类能耗，运维设备因工程量降低而降低各类能耗，用能系统因工程量降低而降低各类能耗。针对公平性指标，存在因促进分布式能源消纳、节能降耗等

带来的减碳影响，如资源共享开放成效指标，基于信息化领域新技术，促进数据资源共享开放，提高了工作效率，降低了人员因信息化水平提升而在工作中消耗的各类用能以及信息系统用能设备的各类能耗（见表6-2）。因部分指标减碳评估存在交叉，为避免重复计算，应在各指标减碳评估时做到前后不重复，如提升供电可靠性指标、提升设备健康水平和降低线损指标，若提升供电可靠性和提升设备健康水平同时降低线损，因此在提升供电可靠性指标、提升设备健康水平减碳评估中，将在运设备因提升供电可靠性、提升健康水平提升同时产生的降损电量带来的减碳量统一在降低线损指标中核算。再如某类"四新"具备降噪节能成效时，除了表中防噪声污染指标，其他相应如降低线损等指标也应一并选取，即根据"四新"实际成效选取，做到不重复计算。

三、分类评估下"四新"减碳计量规则

（一）生产阶段"四新"减碳计量

1. 一般规定

（1）"四新"生产阶段的减碳量主要是指新设备材料生产阶段的减碳量，评估相应新设备材料生产与传统设备材料生产行业平均水平以及生产管理人员工作生活在生产阶段碳排放量（基准线情况）的差值，并应按《基于项目的温室气体减排量评估技术规范 通用要求》（GB/T 33760—2017）等现行国家标准的有关规定计算。

（2）人员工作生活减碳量包含因推动职业健康安全等引起的生活场所能耗降低或替代产生的碳减排，定义为因降低职业健康安全风险而减少人员需消耗的休息场所能耗。

表6-2　基于"四新"绿色效能的减碳评估参考表

评价指标	减碳评估			
	生产	施工	运行维护	报废
提高供电可靠性			（因提升供电可靠性同时降低线损的在降低线损指标中体现）	
提升供电质量			（因提升供电质量同时降低线损的在降低线损指标中体现）	
提升信息安全			∑降低信息系统用能设备因运维减少而降低的各类能耗 × 各类能耗对应的碳排放因子（降低信息系统运维降低运维能耗在运维工作量中统计）	
推动职业健康安全	∑生产阶段人员因工伤事件降低等降低在工作生活的各类能耗 × 各类能耗对应的碳排放因子 + ∑生产阶段工作生活替代人员在工作生活的各类能耗 × 各类能耗对应的碳排放因子（等效替代）	∑施工阶段人员因工伤事件降低等降低在工作生活的各类能耗 × 各类能耗对应的碳排放因子 + ∑施工阶段工作生活替代人员在工作生活的各类能耗 × 各类能耗对应的碳排放因子（等效替代）	∑运维阶段人员因工伤事件降低等降低在工作生活的各类能耗 × 各类能耗对应的碳排放因子 + ∑运维阶段工作生活替代人员在工作生活的各类能耗 × 各类能耗对应的碳排放因子（等效替代）	
提升设备健康水平			（在运设备健康水平提升同时降低线损的在降低线损指标中体现；因设备健康水平提升而降低运维能耗的各类能耗在运维工作量指标中统计）	

续表

评价指标	减碳评估			
	生产	施工	运行维护	报废
减少有害气体排放			∑运行维护阶段有害气体排量×有害气体潜能值	∑回收阶段有害气体减排量×有害气体潜能的温室气体
碳减排量	∑生产阶段因新型原料节能(除降噪节能外)而降低的能耗的碳对应的碳排×各类能耗的碳排放因子+∑生产阶段因新型设备节能(除降噪节能外)而降低的设备材料能耗×各类能耗对应的碳排放因子	∑施工阶段施工设备的各因降噪节能而降低的各类能耗×各类能耗对应的碳排放因子	∑集中式清洁能源新增消纳电量×区域电网碳排放因子(等效替代)+∑运维阶段运维设备各类能耗×各类能耗的碳排放因子能而降低的碳排对应的碳设备如同时降低线损产生的碳减排,在降低线损指标中统计)	
降低噪声污染			∑运行阶段运维设备因降噪节能降低的各类能耗×各类能耗对应的碳排因降噪节能降低的碳(本身在运设备统计在降低线损指标中统计)	
提升输电能力			(因提升输电能力同时降低线损的在降低线损指标中体现)	

续表

评价指标	减碳评估			
	生产	施工	运行维护	报废
降低工程量	Σ生产阶段原料使用量降低 × 各类原料对应的碳排放因子 + Σ生产阶段设备用量降低 × 各类设备生产对应的碳排放因子	Σ施工阶段人员因建筑安装工程量降低（如工期缩短）而在工作生活中降低的各类能耗 × 各类能耗对应的碳排放因子 + Σ施工阶段施工设备因建筑安装工程量降低而降低的各类能耗 × 各类能耗对应的碳排放因子	（运维阶段运维设备因工程量降低而降低的各类能耗在降低运维工作量中统计）	
节约占地		Σ节约占地面积 × 不同植被单位面积固碳量（等效替代）	（运维阶段运维设备因占地面积降低而降低的各类能耗在降低运维工作量中统计）	
减少土方开挖和植被破坏		Σ减少方开挖量 × 不同植被单位面积固碳量（等效替代）+ Σ减少植被破坏单位面积固碳量 × 不同植被单位面积固碳量 + Σ降低土方运输量 × 各类运输方式碳排放因子		
降低线损			降低线损电量 × 区域电网碳排放因子	

续表

评价指标	减碳评估			
	生产	施工	运行维护	报废
提升设备效率			（因设备效率提升同时降低线损的在线损指标中体现；运维阶段设备因效率提升而降低的各类能耗在降低运维工作量指标中统计）	
提升巡检效率			运维阶段运维设备因巡检效率提升而降低的各类运维工作量指标中统计	
提高建筑安装效率		∑施工阶段人员因建筑工期缩短而在工作生活降低的各类能耗×各类能耗对应的各类能耗碳排放因子＋∑施工阶段施工设备因效率提升而降低的各类能耗×各类能耗对应的碳排放因子		
节约运输量	∑生产阶段设备运输重量降低×各类运输方式碳排放因子	∑施工阶段节约运输量（除节约土方运输外）×各类运输方式碳排放因子	∑运维阶段因运维工作量减少而节约的运输量×各类运输方式碳排放因子	

续表

评价指标	减碳评估			
	生产	施工	运行维护	报废
延长使用寿命			设备材料生产阶段碳排放行业平均水平 × (1-设备老化时间/新设备材料平均加速老化时间)÷设备材料生产阶段行业内平均寿命 × 性能修正系数 × 设备材料数量	
降低运维工作量			Σ运维阶段运维设备因工程量降低(占地面积降低)、设备健康水平提升,巡检效率提升,信息安全提升等导致的运维工作量降低而降低的各类能耗 × 各类能耗对应的碳排放因子	
促进分布式消纳			Σ分布式清洁能源新增消纳电量 × 区域电网碳排放因子(等效替代)	
资源共享开放			Σ信息系统用能设备因信息化水平提升而降低的各类能耗 × 各类能耗对应的碳排放因子	

注 减碳评估发生生产阶段根据实际情况选取。

（3）单一种类设备材料生产阶段的单位产品减碳量为设备材料生产加工运输减碳量，包含因各种方式引起的设备、原料使用量降低、设备材料节能特性、运输量节约等引起的能耗降低产生的碳减排。对于能耗降低量相对很小的计量可忽略不计。

（4）"四新"在生产阶段的总减碳量应为施工运行使用的各种设备材料单位产品减碳量与各自数量乘积之和以及生产管理人员生活场所能耗降低产生的碳减排之和。

（5）适用生产阶段减碳计算的"四新"种类可参考"四新"与绿色效能评估指标对应参考表进行选定。

（6）适用"四新"生产阶段减碳计算的种类可参考"四新"绿色效能评估结果进行选定。

2. 人员工作生活减碳量

（1）人员工作生活减碳量为通过推动职业健康安全采取各种方式的减碳量之和。

（2）人员工作生活减碳量主要考虑推动职业健康安全后能耗与传统环境下能耗（基准线情况）的差异，包含在生产车间、办公场所能耗水平降低和替代人工工作能耗等，并按式（6–1）进行估算：

$$\Delta C_1 = C_q - C_h = \sum_{i=1} EF_i \times \Delta f_i + \sum_{j=1} EF_j \times f_j \qquad (6–1)$$

式中：ΔC_1 为工作生活中能耗降低产生的减碳量，$kgCO_2$；C_q 为推动职业健康安全前各能源品种消耗平均二氧化碳排放量，$kgCO_2$；C_h 为推动职业健康安全后各能源品种消耗的二氧化碳排放量，$kgCO_2$；EF_i 为工作生活中第 i 种能源碳排放因子，$kgCO_2$/能源单位；Δf_i 为推动职业健康安全前后第 i 种能源品种消耗降低量，能源单位；EF_j 为工作生活中第 j 种能源碳排放因子，$kgCO_2$/能源单位；f_j 为替代性工作生活第 j 种能源品种消耗量。

（3）对于能耗降低量，以考虑推动职业健康安全前能耗水平为基准线，通过实际能源消耗台账或通过调取缴纳的电费清单、相关能源购买清单、使用的

进出库记录统计实际值。对于能耗降低量相对很小的计量可忽略不计。

（4）对于较难获取或界定能耗的，可通过生产管理人员数量、单位建筑面积能耗定额、发生危害职业健康安全概率等估算获取，即能耗降低量 = 生产管理人员数量 × 发生危害职业健康安全概率降低率 × 平均每人使用建筑面积 × 每年单位建筑面积能耗定额 × 恢复期。

（5）能源品种为电力的碳减排计算应采用区域电网平均电力碳排放因子。

（6）其他能源品种碳排放因子参考《IPCC 国家温室气体排放清单指南》等。

3. 设备材料生产加工运输减碳量

（1）设备材料生产加工运输减碳量为设备材料加工量降低、节能特性、运输量节约等采取各种方式引起的减碳量之和。

$$\Delta C_2 = \Delta C_{21} + \Delta C_{22} + \Delta C_{23} \tag{6-2}$$

式中：ΔC_2 为设备材料生产加工产生的减碳量，$kgCO_2/$ 单位产品；ΔC_{21} 为设备材料生产加工量降低引起的碳减排量，$kgCO_2/$ 单位产品；ΔC_{22} 为节能特性引起的碳减排量，$kgCO_2/$ 单位产品；ΔC_{23} 为运输量节约引起的碳减排量，$kgCO_2/$ 单位产品。

（2）设备材料生产加工量降低引起的减碳量主要考虑因工艺、技术进步等引起的设备材料加工量与传统工艺、技术等方式下设备材料加工量以及其能耗（基准线情况）差异，并按式（6-3）进行估算：

$$\Delta C_{21} = \sum_{i=1} EF_i \times \Delta q_i + \sum_{j=1} EF_j \times \Delta f_j \tag{6-3}$$

式中：EF_i 为第 i 种原料碳排放因子，$kgCO_2/$ 原料单位；Δq_i 为单位产品因工艺、技术进步等各种方式引起的第 i 种原料消耗降低量，原料单位 / 单位产品；EF_j 为第 j 种设备生产碳排放因子，$kgCO_2/$ 设备单位；Δf_j 为单位产品因工艺、技术进步等各种方式引起的第 j 种设备生产降低量，设备单位 / 单位产品。

（3）设备材料节能特性引起的减碳量主要考虑因工艺、技术进步等引起的节能与传统工艺、技术等方式下设备材料能耗（基准线情况）差异，并按

式（6-4）进行估算：

$$\Delta C_{22}=\sum_{j=1}(EF_j\times p_j)+(E_a-E_m)+\sum_{j=1}(EF_j\times p'_j)+(E'_a-E'_m) \qquad (6-4)$$

式中：p_j 为第 j 种能源品种消耗比重；E_a 为单位产品原料行业平均能耗水平，能源单位 / 单位产品；E_m 为单位产品原料能耗限值，能源单位 / 单位产品；p'_j 为第 j 种能源品种消耗比重；E'_a 为单位产品设备行业平均能耗水平，能源单位 / 单位产品；E'_m 为单位产品设备能耗限值，能源单位 / 单位产品。

（4）设备运输量节约引起的减碳量主要考虑因设备重量与传统设备重量（基准线情况）的差异，并按式（6-5）进行估算：

$$\Delta C_{23}=\sum_{k=1}EF_k\times\Delta Q_k\times l_k \qquad (6-5)$$

式中：EF_k 为第 k 种运输方式碳排放因子，$kgCO_2/$（$t\cdot km$）；ΔQ_k 为单位产品设备第 k 种运输方式运输重量降低量，$t/$单位产品；l_k 为第 k 种运输方式设备运输距离，km。

（5）设备材料加工量降低、节能特性、运输量节约等引起的减碳量应根据"四新"实际成效选取。

（6）对于原料加工降低量，以考虑传统工艺、技术等方式下的原料加工量为基准线，通过实际原料采购清单和消耗台账等相关技术资料确定。

（7）对于能耗降低量，以考虑传统工艺、技术等方式下的原料加工量为基准线，通过实际能源消耗台账或通过调取缴纳的电费清单、相关能源购买清单、使用的进出库记录统计实际值。对于能耗降低量相对很小的计量可忽略不计。

（8）设备材料行业平均能耗水平可通过统计查询对应行业的能耗相关标准获得。

（9）对于较难获取能耗的，可通过对应设备行业台班定额、调研行业重点企业能耗水平等估算获取。基于设备行业台班定额，能耗 = 所使用设备台班量 × 能耗定额。

（10）原料碳排放因子可参考《建筑碳排放计算标准》（GB/T 51366—2019）等，缺省值参考《IPCC 国家温室气体排放清单指南》等。

（11）设备生产碳排放因子可参考《一种适用于电网建设项目的碳排放核算方法》等，并按时间价值折算。

（12）能源品种为电力的碳减排计算应采用区域电网平均电力碳排放因子。

（13）其他能源品种碳排放因子参考《IPCC 国家温室气体排放清单指南》等。

（二）施工阶段"四新"减碳计量

1. 一般规定

（1）"四新"施工阶段的减碳量主要是指施工阶段应用新设备、新工艺、新技术的减碳量，评估应用新设备、新工艺、新技术施工与传统设备、工艺、技术施工行业平均水平以及生产管理人员工作生活在施工阶段碳排放量（基准线情况）的差值，并应按《基于项目的温室气体减排量评估技术规范　通用要求》（GB/T 33760—2017）等现行国家标准的有关规定计算。

（2）人员工作生活减碳量包含因推动职业健康安全、建筑安装工程量降低和效率提升等引起的生活场所能耗降低或替代产生的碳减排，定义为因降低职业健康安全风险而减少人员需消耗的休息场所能耗。

（3）单一种类施工设备施工阶段的单位数量减碳量为施工设备减碳量，包含因各种方式引起的建筑安装工程量降低、设备节能特性、效率提升、运输量节约等引起的能耗降低产生的碳减排。对于能耗降低量相对很小的计量可忽略不计。

（4）单位面积减碳量为提升植被碳汇能力的等效减碳量，包含因各种方式引起的占地面积降低、土方开挖量降低、植被破坏面积降低等引起的植被碳汇能力提升。

（5）"四新"在施工阶段的总减碳量应为施工使用的各种设备单位数量减碳量与各自数量乘积之和以及植被碳汇、生产管理人员生活场所能耗降低产生的碳减排之和。

（6）适用施工阶段减碳计算的"四新"种类可参考"四新"与绿色效能评

估指标对应参考表进行选定。

（7）适用"四新"施工阶段减碳计算的种类可参考"四新"绿色效能评估结果进行选定。

2. 人员工作生活减碳量

（1）人员工作生活减碳量为通过推动职业健康安全、缩短施工工期采取各种方式的减碳量之和。

$$\Delta C_3 = \Delta C_{31} + \Delta C_{32} \tag{6-6}$$

式中：ΔC_3 为人员工作生活减碳量，$kgCO_2$；ΔC_{31} 为推动职业健康安全引起的碳减排量，$kgCO_2$/ 单位产品；ΔC_{32} 为缩短施工工期引起的碳减排量，$kgCO_2$/ 单位产品。

（2）推动职业健康安全减碳量主要考虑推动职业健康安全后能耗与传统环境下能耗（基准线情况）的差异，包含在工棚、临时建筑物能耗水平降低和替代人工工作能耗等，并按式（6-7）进行估算：

$$\Delta C_{32} = \sum_i EF_i \times \Delta f_i + \sum_j EF_j \times \Delta f_j \tag{6-7}$$

式中：EF_i 为工作生活中第 i 种能源碳排放因子，$kgCO_2$/ 能源单位；Δf_i 为推动职业健康安全前后第 i 种能源品种消耗降低量，能源单位；EF_j 为工作生活中第 j 种能源碳排放因子，$kgCO_2$/ 能源单位；f_j 为推动职业健康安全前工作生活中第 j 种能源品种消耗量。

（3）缩短工期减碳量主要考虑通过因各种方式引起的建筑安装工程量降低、施工设备效率提升引起的分部分项工程施工工期缩短与常规施工工期下能耗（基准线情况）的差异，包含在工棚、临时建筑物能耗水平降低和替代人工工作能耗等，并按式（6-8）进行估算：

$$\Delta C_{33} = \sum_{i=1} EF_i \times (1 - \frac{d_2}{d_1}) \times f_i + \sum_{i=1} EF_i \times \Delta f_i \tag{6-8}$$

式中：EF_i 为工作生活中第 i 种能源碳排放因子，$kgCO_2$/ 能源单位；d_1 为常规分部分项工程施工工期，天；d_2 为新的分部分项工程施工工期，天；f_i 为新施工工期下第 i 种能源品种消耗量，能源单位；Δf_i 为第 i 种能源品种消耗降低

量，能源单位。

（4）通过推动职业健康安全、缩短施工工期等引起的减碳量应根据"四新"实际成效选取。若推动职业健康安全与缩短工期的分部分项工程存在重合的，可仅算1项，避免重复计算。

（5）对于能耗降低量，以考虑推动职业健康安全前、常规分部分项工程施工工期能耗水平为基准线，通过实际能源消耗台账或通过调取缴纳的电费清单、相关能源购买清单、使用的进出库记录统计实际值。对于能耗降低量相对很小的计量可忽略不计。

（6）对于较难获取能耗的，可通过施工管理人员数量、单位建筑面积能耗定额、单位工期能耗等估算获取，即人员工作生活能耗降低量＝施工管理人员数量 × 发生危害职业健康安全概率降低率 × 平均每人使用建筑面积 × 每年单位建筑面积能耗定额 × 恢复期；分部分项工程缩短施工工期能耗降低量＝该分部分项工程单位工期能耗 × 施工节约工期。

（7）能源品种为电力的碳减排计算应采用区域电网平均电力碳排放因子。

（8）其他能源品种碳排放因子参考《IPCC国家温室气体排放清单指南》等。

3. 施工设备减碳量

（1）施工设备减碳量为建筑安装工程量降低、设备节能特性、效率提升等采取各种方式引起的减碳量之和。

$$\Delta C_4 = \Delta C_{41} + \Delta C_{42} + \Delta C_{43} \qquad (6\text{--}9)$$

式中：ΔC_4 为施工设备减碳量，$kgCO_2$/ 单位数量；ΔC_{41} 为建筑安装工程量降低引起的碳减排量，$kgCO_2$/ 单位数量；ΔC_{42} 为节能特性引起的碳减排量，$kgCO_2$/ 单位数量；ΔC_{43} 为效率提升引起的碳减排量，$kgCO_2$/ 单位数量。

（2）建筑安装工程量降低引起的减碳量主要考虑因工艺、技术进步等引起的分部分项工程建筑安装工程量与传统工艺、技术等方式下建筑安装工程量以及其能耗（基准线情况）差异，并按式（6--10）进行估算：

$$\Delta C_{41} = \sum_{j=1} \sum_{i=1} EF_{ij} \times \Delta q_{ij} \qquad (6\text{-}10)$$

式中：EF_{ij} 为使用第 j 种施工设备第 i 种能源品种消耗碳排放因子，$kgCO_2$/ 能源单位；Δq_{ij} 为使用第 j 种单位数量施工设备因建筑安装工程量降低等引起的第 i 种能源品种消耗降低量，能源单位 / 单位数量。

（3）施工设备节能特性引起的减碳量主要考虑因工艺、技术进步等引起的节能与传统工艺、技术等方式下施工设备能耗（基准线情况）差异，并按式（6-11）进行估算：

$$\Delta C_{42} = \sum_{j=1} \sum_{i=1} (EF_{ij} \times p_{ij}) \times (E_{aj} - E_{mj}) \qquad (6\text{-}11)$$

式中：p_{ij} 为使用第 j 种施工设备第 i 种能源品种消耗比重；E_{aj} 为第 j 种单位数量施工设备行业平均能耗水平，能源单位 / 单位数量；E_{mj} 为第 j 种单位数量施工设备能耗限值，能源单位 / 单位数量。

（4）效率提升引起的减碳量主要考虑施工设备与传统设备效率（基准线情况）的差异，并按式（6-12）进行估算：

$$\Delta C_{43} = \sum_{j=1} \sum_{i=1} EF_{ij} \times \Delta f_{ij} \qquad (6\text{-}12)$$

式中：Δf_{ij} 为使用第 j 种单位数量施工设备第 i 种能源品种消耗降低量，能源单位 / 单位数量。

（5）通过建筑安装工程量降低、设备节能特性、效率提升等采取各种方式引起的减碳量应根据"四新"实际成效选取。

（6）对于能耗降低量，以考虑传统工艺、技术等方式下的施工设备能耗为基准线，通过实际能源消耗台账或通过调取缴纳的电费清单、相关能源购买清单、使用的进出库记录统计实际值。对于能耗降低量相对很小的计量可忽略不计。

（7）施工设备行业平均能耗水平可通过统计查询对应行业的能耗相关标准获得。

（8）对于较难获取能耗的，可基于全国统一施工机械台班费用定额、电力建设工程施工机械台班费用定额，通过施工设备台班量和单位台班耗能定额估算获取；或调研行业典型施工企业能耗水平。基于设备行业台班定额，则能耗降低=（因工程量降低＋施工机械设备效率提升）所使用设备台班降低量 × 能耗定额＋所使用设备台班量 × 能耗定额 ×（1−节能系数）。

（9）能源品种为电力的碳减排计算应采用区域电网平均电力碳排放因子。

（10）其他能源品种碳排放因子参考《IPCC 国家温室气体排放清单指南》等。

4. 等效植被碳汇能力

（1）等效植被碳汇能力为因占地面积降低、土方开挖量降低、植被破坏面积降低等采取各种方式引起的等效植被碳汇能力。

$$\Delta C_5 = \Delta C_{51} + \Delta C_{52} \qquad (6-13)$$

式中：ΔC_5 为施工设备减碳量，$kgCO_2$/ 单位数量；ΔC_{51} 为节约占地面积引起的等效植被碳汇能力，$kgCO_2$/ 单位面积；ΔC_{52} 为减少土方开挖和植被破坏面积引起的等效植被碳汇能力，$kgCO_2$/ 单位面积。

（2）节约占地面积引起的等效植被碳汇能力为因节约占地面积而不破坏植被等引起的等效植被碳汇量，并按式（6-14）进行估算：

$$\Delta C_{51} = \sum_{h=1} EF_h \times \Delta A_h \qquad (6-14)$$

式中：EF_h 为使用第 h 种种植方式或植物单位面积固碳量，$kgCO_2/m^2$；ΔA_h 为节约第 h 种植方式或植物的占地面积，m^2。

（3）减少土方开挖和植被破坏面积引起的等效植被碳汇能力为因减少土方开挖量和植被破坏面积而引起的等效植被碳汇量以及节约土方运输量降低的能耗，并按式（6-15）进行估算：

$$\Delta C_{52} = \sum_{h=1} EF_h \times \Delta A'_h + \sum_{h=1} EF_h \times \Delta A''_h + \sum_{k=1} EF_k \times \Delta Q'_k \times l'_k \qquad (6-15)$$

式中：$\Delta A'_h$ 为减少土方开挖的第 h 种植方式或植物的等效占地面积，m^2；$\Delta A''_h$ 为减少第 h 种植方式或植物破坏的占地面积，m^2；$\Delta Q'_k$ 为第 k 种运输方式土方运输重量降低量，t；l'_k 为第 k 种运输方式土方运输距离，km。

（4）通过节约占地面积、减少土方开挖和植被破坏面积等采取各种方式引起的减碳量应根据"四新"实际成效选取。

（5）节约占地面积、减少土方开挖和植被破坏面积根据工程实际征地面

积、竣工图纸、结算资料等确定。

（6）不同种植方式或植物的单位面积固碳量参考广东住建厅2021版《建筑碳排放计算导则（试行）》。

（三）运维阶段"四新"减碳计量

1. 一般规定

（1）"四新"运维阶段的减碳量主要是指运维阶段应用新设备、新工艺、新技术的减碳量，评估应用新设备、新工艺、新技术运维与传统设备、工艺、技术运维行业平均水平以及生产管理人员工作生活在运维阶段碳排放量（基准线情况）的差值，并应按《基于项目的温室气体减排量评估技术规范 通用要求》（GB/T 33760—2017）等现行国家标准的有关规定计算。

（2）人员工作生活减碳量包含因推动职业健康安全等引起的生活场所能耗降低或替代产生的碳减排，定义为因降低职业健康安全风险而减少人员需消耗的休息场所能耗。

（3）单一种类运维设备运维阶段的单位数量减碳量为运维设备减碳量，包含因各种方式引起的运维工作量降低、设备节能特性、巡检效率提升、运输量节约等引起的能耗降低产生的碳减排。对于能耗降低量相对很小的计量可忽略不计。

（4）因性能提升的减碳量为电网性能提升的减碳量，包含因各种方式引起的供电可靠性提升、供电质量提升、线损降低等产生的减碳量。

（5）减少有害气体排放的减碳量为运维阶段通过各种方式使含有害气体设备减排带来的减碳量。

（6）促进清洁能源消纳的减碳量为消纳清洁能源带来的等效减碳量，包含因各种方式引起的集中式和分布式清洁能源消纳等产生的减碳量。

（7）延长使用寿命的减碳量为设备使用寿命延长每年的减碳量，主要考虑在运行阶段，应用不同材料老化时间与行业材料平均老化时间的差值引起设备使用寿命延长每年产生的减碳量。

（8）"四新"在运维阶段的总减碳量应为施工使用的各种设备单位数量减

碳量与各自数量乘积之和以及植被碳汇、生产管理人员生活场所能耗降低产生的碳减排之和。

（9）适用运维阶段减碳计算的"四新"种类可参考"四新"与绿色效能评估指标对应参考表进行选定。

（10）适用"四新"运维阶段减碳计算的种类可参考"四新"绿色效能评估结果进行选定。

2. 人员工作生活减碳量

（1）人员工作生活减碳量为通过推动职业健康安全采取各种方式的减碳量之和。

（2）人员工作生活减碳量主要考虑推动职业健康安全后能耗与传统环境下能耗（基准线情况）的差异，包含在生产车间、办公场所能耗水平降低和替代人工工作能耗等，并按式（6–16）进行估算：

$$\Delta C_6 = \sum_{i=1} EF_i \times \Delta f_i + \sum_{j=1} EF_j \times f_j \qquad (6\text{–}16)$$

式中：ΔC_6 为工作生活中能耗降低产生的减碳量，$kgCO_2$；EF_i 为工作生活中第 i 种能源碳排放因子，$kgCO_2/$能源单位；Δf_i 为推动职业健康安全前后第 i 种能源品种消耗降低量，能源单位；EF_j 为工作生活中第 j 种能源碳排放因子，$kgCO_2/$能源单位；f_j 为推动职业健康安全前工作生活中第 j 种能源品种消耗量。

（3）对于能耗降低量，以考虑推动职业健康安全前能耗水平为基准线，通过实际能源消耗台账或通过电表、相关能源购买清单、台账统计实际值。

（4）对于较难获取能耗的，可通过运维管理人员数量、单位建筑面积能耗定额等估算获取，即能耗降低量 = 运维管理人员数量 × 发生危害职业健康安全概率降低率 × 平均每人使用建筑面积 × 单位建筑面积能耗定额 × 恢复期。

（5）能源品种为电力的碳减排计算应采用区域电网平均电力碳排放因子。

（6）其他能源品种碳排放因子参考《IPCC 国家温室气体排放清单指南》等。

3. 运维设备减碳量

（1）运维设备减碳量为设备运行健康、工程量降低、巡检效率提升、信息

化和安全水平提升等各种方式引起的运维工作量降低、设备节能特性等采取各种方式引起的减碳量之和。

$$\Delta C_7 = \Delta C_{71} + \Delta C_{72} \tag{6-17}$$

式中：ΔC_7 为运维设备减碳量，$kgCO_2/$单位数量；ΔC_{71} 为运维工作量降低引起的碳减排量，$kgCO_2/$单位数量；ΔC_{72} 为节能特性引起的碳减排量，$kgCO_2/$单位数量。

（2）运维工作量降低引起的减碳量主要考虑因工艺、技术进步等引起的运维工作量与传统工艺、技术等方式下运维工作量以及其能耗（基准线情况）差异，并按式（6-18）进行估算：

$$\Delta C_{71} = \sum_{s=1}\sum_{z=1} EF_{zs} \times \Delta q_{zs} + \sum_{r=1}\sum_{o=1} EF_{or} \times \Delta q_{or} + \sum_{c=1}\sum_{b=1} EF_{bc} \times \Delta q_{bc} \tag{6-18}$$

式中：EF_{zs} 为使用第 s 种非信息化运维设备第 z 种能源品种消耗碳排放因子，$kgCO_2/$能源单位；Δq_{zs} 为使用第 s 种单位数量非信息化运维设备因运维工作量降低等引起的第 z 种能源品种消耗降低量，能源单位/单位数量；EF_{or} 为使用第 r 种信息化运维设备第 o 种能源品种消耗碳排放因子，$kgCO_2/$能源单位；Δq_{or} 为使用第 r 种单位数量信息化运维设备因运维工作量降低等引起的第 o 种能源品种消耗降低量，能源单位/单位数量；EF_{bc} 为使用第 c 种信息化用能系统第 b 种能源品种消耗碳排放因子，$kgCO_2/$能源单位；Δq_{bc} 为使用第 c 种单位数量信息化用能系统因运维工作量降低等引起的第 b 种能源品种消耗降低量，能源单位/单位数量。

（3）运维设备和信息化用能系统节能特性引起的减碳量主要考虑因工艺、技术进步等引起的节能与传统工艺、技术等方式下运维设备和信细化用能系统能耗（基准线情况）差异，并按式（6-19）进行估算：

$$\Delta C_{72} = \sum_{s=1}\sum_{z=1}(EF_{zs} \times p_{zs}) \times (E_{as} \times E_{ms}) + \sum_{r=1}\sum_{o=1}(EF_{or} \times p_{or}) \times (E_{ar} - E_{mr})$$
$$+ \sum_{c=1}\sum_{b=1}(EF_{bc} \times p_{bc}) \times (E_{ac} - E_{mc}) \tag{6-19}$$

式中：p_{zs} 为使用第 s 种非信息化运维设备第 z 种能源品种消耗比重；E_{as} 为第 s 种单位数量非信息化运维设备行业平均能耗水平，能源单位/单位数量；E_{ms} 为第 s 种单位数量非信息化运维设备能耗限值，能源单位/单位数量；P_{or} 为使用

第 r 种信息化运维设备第 o 种能源品种消耗比重；E_{ar} 为第 r 种单位数量信息化运维设备行业平均能耗水平，能源单位/单位数量；E_{mr} 为第 r 种单位数量信息化运维设备能耗限值，能源单位/单位数量；p_{bc} 为使用第 c 种信息化用能系统第 b 种能源品种消耗比重；E_{ac} 为第 c 种单位数量信息化用能系统行业平均能耗水平，能源单位/单位数量；E_{mc} 为第 c 种单位数量信息化用能系统能耗限值，能源单位/单位数量。

（4）通过运维工作量降低、设备节能特性、效率提升等采取各种方式引起的减碳量应根据"四新"实际成效选取。

（5）对于能耗降低量，以考虑传统工艺、技术等方式下的运维设备能耗为基准线，通过实际能源消耗台账或通过电表、相关能源购买清单、台账、结算资料等统计实际值。对于能耗降低量相对很小的计量可忽略不计。

（6）运维设备行业平均能耗水平可通过统计查询对应行业的能耗相关标准获得。

（7）对于较难获取能耗的，可基于电网技改和检修工程预算定额，通过设备台班量和单位台班耗能定额估算获取；或调研行业典型企业能耗水平。基于设备行业台班定额，则能耗降低=（因工程量降低+运维设备效率提升等）所使用设备台班降低量×能耗定额+所使用设备台班量×能耗定额×（1-节能系数）。

（8）能源品种为电力的碳减排计算应采用区域电网平均电力碳排放因子。

（9）其他能源品种碳排放因子参考《IPCC 国家温室气体排放清单指南》等。

4. 节约运输量引起的碳减排量

（1）节约运输量引起的碳减排量为因运维工作量降低而引起运输量节约的减碳量，并按式（6-20）进行估算：

$$\Delta C_8 = \sum_{k=1} EF_k \times \Delta Q_k \times l_k + \sum_{k'=1} EF_{k'} \times Q_{k'} \times \Delta l_{k'} \tag{6-20}$$

式中：$EF_{k'}$ 为使用第 k' 种运输方式碳排放因子，$kgCO_2/(t \cdot km)$；$Q_{k'}$ 为单位产品设备材料第 k' 种运输方式运输重量降低量，t/单位产品；$\Delta l_{k'}$ 为第 k' 种运输方式设备材料运输减少距离，km。

（2）运输重量、运输距离根据作业票、运检工单、结算资料等统计查询。

5. 运维阶段技改修理所使用的施工设备减碳量

运维阶段技改修理所使用的施工设备减碳量参考施工阶段施工设备减碳量计算方法。

6. 电网性能提升的减碳量

（1）电网性能提升的减碳量为因各种方式引起的供电可靠性提升、供电质量提升、线损降低、效率提升等产生的减碳量。

$$\Delta C_9 = \Delta C_{91} \qquad (6-21)$$

式中：ΔC_9 为电网性能提升减碳量，$kgCO_2$；ΔC_{91} 为线损降低引起的减碳量，$kgCO_2$。

（2）线损降低引起的减碳量为因通过各种方式引起的降低线损而产生的减碳量，并按式（6-22）进行估算：

$$\Delta C_{93} = EF \times \Delta q_1 \qquad (6-22)$$

式中：Δq_1 为因线损降低引起的降低线损电量，$MW \cdot h$。

（3）电量的测量方法和计量设备标准应遵循 DL/T 448—2000《电能计量装置技术规范》，GB 17167—2006《用能单位能源计量器具配备和管理通则》，GB/T 25095—2010《架空输电线路运行状态监测系统》，GB 17215《电能表系列标准》和 GB 16934—1997《电能计量柜》的相关规定。

7. 减少有害气体排放的减碳量

（1）减少有害气体排放的减碳量为运维阶段通过各种方式使含有害气体设备减排带来的减碳量，并按式（6-23）进行估算：

$$\Delta C_{10} = \sum_w \Delta q_w \times GWP \qquad (6-23)$$

式中：ΔC_{10} 为运维阶段减少有害气体排放的减碳量，$kgCO_2$；Δq_w 为使用第 w 种设备运维阶段的有害气体减排量，kg；GWP 为有害气体的温室气体潜能。

（2）有害气体减排量为应用新设备、新工艺前后有害气体回收与容量的

差异。

（3）有害气体主要指 SF_6，其温室气体潜能为 23900。

8. 促进清洁能源消纳的减碳量

（1）促进清洁能源消纳的减碳量为通过各种方式促进清洁能源消纳带来的等效减碳量，并按式（6-24）进行估算：

$$\Delta C_{11} = \sum_x EF \times (\Delta E_{xj} + \Delta E_{xf}) \qquad (6-24)$$

式中：ΔC_{11} 为促进清洁能源消纳的减碳量，$kgCO_2$；ΔE_{xj} 为促进第 x 种集中式清洁能源新增消纳量，$MW \cdot h$；ΔE_{xf} 为促进第 x 种分布式清洁能源新增消纳量，$MW \cdot h$。

（2）新增消纳量通过端口电表、电量报表等资料统计查询。

9. 延长使用寿命的减碳量

（1）延长使用寿命的减碳量为主要考虑在运行阶段，应用不同材料老化时间与行业材料平均老化时间的差值引起设备使用寿命延长每年产生的减碳量，并按式（6-25）进行估算：

$$\Delta C_{12} = \sum_w E_w \times (1 - \frac{t_w}{t'_w}) \div S_w \times \alpha \times Q_w \qquad (6-25)$$

式中：ΔC_{12} 为延长使用寿命的减碳量，$kgCO_2/$ 单位产品；E_w 为第 w 种设备材料行业内生产阶段平均碳排放水平，$kgCO_2/$ 单位产品；t_w 为第 w 种设备材料行业内平均加速老化时间，a；t'_w 为第 w 种新设备材料行业内平均加速老化时间，a；S_w 为第 w 种设备材料行业内平均使用寿命，a；α 为第 w 种设备材料性能修正系数；Q_w 为第 w 种设备材料数量。

（2）设备材料行业内平均碳排放水平、设备材料行业内平均加速老化时间、平均使用寿命通过设备材料对应行业能耗水平或重点企业调研，设计资料，资产台账等资料统计查询。

（3）性能修正系数通过各类设备材料性能要求确定。

（四）报废阶段"四新"减碳计量

1. 一般规定

（1）"四新"报废阶段的减碳量主要是指新设备、新技术回收有害气体的减碳量，评估相应新设备技术与传统设备技术行业平均水平在报废阶段碳排放量（基准线情况）的差值，并应按《基于项目的温室气体减排量评估技术规范 通用要求》（GB/T 33760—2017）等现行国家标准的有关规定计算。

（2）"四新"在报废阶段的总减碳量应为使用的各种设备回收有害气体减碳量之和。

（3）适用报废阶段减碳计算的"四新"种类可参考"四新"与绿色效能评估指标对应参考表进行选定。

（4）适用"四新"报废阶段减碳计算的种类可参考"四新"绿色效能评估结果进行选定。

2. 减少有害气体排放的减碳量

（1）减少有害气体排放的减碳量为报废阶段通过各种方式使含有害气体设备减排带来的减碳量，并按式进行估算：

$$\Delta C_{13}=\sum_w \Delta q'_w \times GWP \tag{6-26}$$

式中：ΔC_{13} 为报废阶段减少有害气体排放的减碳量，$kgCO_2$；$\Delta q'_w$ 为使用第 w 种设备报废阶段的有害气体减排量，kg。

（2）有害气体减排量为报废阶段应用新设备、新工艺前后有害气体回收与容量的差异。

（3）有害气体主要指 SF_6，其温室气体潜能为 23900。

各类技术在碳减排评估时，可参考基于"四新"绿色效能的减碳计量索引开展（见表6-3）。

表6-3 基于"四新"绿色效能的减碳计量索引

评价指标	减碳计量			
	生产	施工	运行维护	报废
提高供电可靠性			如同时降低线损,在降低线损指标中统计	
提升供电质量			如同时降低线损,在降低线损指标中统计	
提升信息安全			运维阶段"四新"减碳计量—运维设备减碳量(降低信息运维工作量中统计)	
推动职业健康安全	生产阶段"四新"减碳计量—人员工作生活减碳量	施工阶段"四新"减碳计量—人员工作生活减碳量	运维阶段"四新"减碳计量—人员工作生活减碳量	
提升设备健康水平			(如同时降低线损,在降低线损指标中统计;因设备健康水平提升而降低运维设备的各类能耗在降低运维工作量指标中统计)	
减少有害气体排放			运维阶段"四新"减碳计量—减少有害气体排放的减碳量	报废阶段"四新"减碳计量—减少有害气体排放的减碳量

续表

评价指标	减碳计量			报废
	生产	施工	运行维护	
碳减排量	生产阶段"四新"减碳计量—设备材料生产加工运输减碳量—设备材料节能特性能引起的减碳量	施工阶段"四新"减碳计量—施工设备减碳量—施工设备节能特性引起的减碳量	运维阶段"四新"减碳计量—促进清洁能源消纳的减碳量，运维阶段"四新"减碳计量—运维设备和信息化用能系统节能特性引起的减碳量（本身在运设备如同时降低线损，在降低线损指标中统计；本身在运设备因降噪节能的减碳量统计在降低线损指标中统计）	
降低噪声污染			（如同时降低线损，在降低线损指标中统计）	
提升输电能力				
降低工程量	生产阶段"四新"减碳计量—设备材料生产加工运输减碳量—设备材料生产加工量降低引起的减碳量	施工阶段"四新"减碳量—缩短工期减碳量，施工阶段"四新"减碳计量—建筑安装工程量降低引起的减碳量	员工工作生活减碳量—人员工作生活减碳量，施工设备减碳量—施工设备引起的减碳量。运维阶段运维设备因工程量降低运维工作量而降低的各类能耗在降低工程量中统计	

续表

评价指标	减碳计量			
	生产	施工	运行维护	报废
节约占地		施工阶段"四新"减碳计量—等效植被碳汇能力—节约占地面积引起的等效植被碳汇能力	运维阶段运维设备因占地面积降低而降低的各类能耗在降低运维工作量中统计	
减少土方开挖和植被破坏		施工阶段"四新"减碳计量—等效植被碳汇能力—减少土方开挖和植被破坏面积引起的等效植被碳汇能力		
降低线损			运维阶段"四新"减碳计量—电网性能提升的减碳量—线损降低引起的减碳量	
提升设备效率			(如同时降低线损,在降低损指标中统计;运维阶段设备因效率提升而降低的各类能耗在降低运维工作量指标中统计)	
提升巡检效率			(运维阶段运维设备因巡检效率提升而降低的各类能耗在降低运维工作量指标中统计)	

续表

评价指标	减碳计量			
	生产	施工	运行维护	报废
提高建筑安装效率		施工阶段"四新"减碳计量—人员工作生活减碳量，施工阶段"四新"减碳计量—缩短工期减碳量，施工阶段"四新"减碳计量—效率提升—施工设备减碳量引起的减碳量		
节约运输量	生产阶段"四新"减碳计量—设备材料生产加工运输减碳量—设备运输减碳量节约引起的减碳量	施工阶段"四新"减碳计量—施工设备减碳量—建筑安装工程降低引起的减碳量	运维阶段"四新"减碳计量—节约运输量引起的碳减排量	
延长使用寿命			运维阶段"四新"减碳计量—延长设备使用寿命的减碳量	
降低运维工作量			运维阶段"四新"减碳计量—运维设备减碳量—运维工作量降低引起的减碳量	
促进分布式消纳			运维阶段"四新"减碳计量—促进清洁能源消纳的减碳量	
资源共享开放			运维阶段"四新"减碳计量—运维设备减碳量和信息化能系统节能特性引起的减碳量	

注　减碳评估发生阶段根据实际情况选取。

第三节　总体评估方式下"四新"减碳计量规则

总体评估方式下"四新"减碳计量规则即针对"四新"，不再区分具体"四新"类别，以生产场所、变电站、线路等应用场景为评估单元，针对"四新"绿色效能情况，按照有无对比法，总体评估"四新"减碳情况。相对于分类评估规则，总体评估规则适用于粗略估算所有"四新"减碳情景，无需具体评估各类"四新"减碳量。

总体评估下"四新"减碳计量规则具体如下。

（1）基于"四新"应用在生产办公场所，按照有无对比法，根据"四新"应用前后碳排放水平差异或应用各类"四新"后的碳排放水平与生产办公场所常规碳排放水平的差异，估算减碳量。其中生产办公场所碳核算边界包括生产办公场所能耗。

（2）基于"四新"应用在变电站施工、运维，按照有无对比法，根据"四新"应用前后碳排放水平差异或应用各类"四新"后的碳排放水平与变电站常规碳排放水平的差异，估算减碳量。其中变电站碳核算边界包括施工人员生活能耗、站用电损耗、有害气体排放、变压器损耗电量、其他在运设备损耗、运维（施工）设备能耗、运输方式能耗等。

（3）基于"四新"应用在线路施工、运维，按照有无对比法，根据"四新"应用前后碳排放水平差异或应用各类"四新"后的碳排放水平与线路常规碳排放水平的差异，估算减碳量。其中线路碳核算边界包括施工人员生活能耗、线路损耗电量、运维（施工）设备能耗、运输方式能耗等。

（4）基于"四新"应用在设备材料生产阶段，按照有无对比法，根据"四新"应用前后碳排放水平差异或应用各类"四新"后的碳排放水平与常规设备材料生产碳排放水平的差异，估算减碳量。其中碳核算边界包括原料生产加工（原料及所需能源开采、生产、运输以及直接碳排放）、设备生

产等。

上述应用场景可选取多个样本，并比较分析差异水平，剔除异常数据后取平均水平，从而提升数据的准确性。如具体到单项电网建设工程，则基于工程建设内容，排列组合上述应用场景减碳水平，按照累加原则计算单项电网建设工程减碳水平。

第七章

电网工程"四新"评价和计量规则的应用策略

第一节 "四新"评价应用策略

一、"四新"评价适用范围

"四新"评价主要是针对"四新"应用产生的成效，从绿色效能评估角度梳理总结评估指标，并设计指标综合评价方法，形成"四新"评价方法。基于其内容和特性，适用于前期决策、规划成效评价和应用决策等。除上述三类外，还可结合实际需求进行扩展，如电网工程绿色指数评估等。

（1）前期决策。前期决策评价主要是针对前期技术方案比选决策，如规划阶段，在建设新型电力系统背景下，基于技术经济比选和绿色效能约束，是否选用或选用哪类技术。

（2）应用决策。应用决策是基于绿色效能指标评估结果和分档结果，评估技术推广应用程度，如广泛推广，试点应用等。

（3）规划成效评价。规划成效评价是结合"四新"绿色效能评估指标，基

于规划实施结果所采集数据，评估规划实施绿色效能水平，为规划修编提供支撑。

（4）电网工程绿色指数评估。电网工程绿色指数评估即结合"四新"绿色效能评估指标，基于电网工程所采用的全部"四新"应用数据，综合评估工程绿色指数水平，为绿色低碳电网建设评估提供支撑。

二、"四新"评价应用策略

1. 前期决策

技术经济比选是前期决策的重要内容之一。系统接线方案、设备选型、站址和线路路径比选等是主要比选内容。各比选内容均可涉及"四新"应用。在"双碳"目标下，技术经济比选增加了碳排放约束，碳减排成为比选优选原则之一。当涉及"四新"比选时，可基于"四新"绿色效能评估体系作为方法支撑，结合技术经济比选结果和绿色效能指数评估结果，综合考虑各因素权重，择优选择各待选方案。优选过程如下。

（1）选取评估指标。基于各待选方案预期成效，从"四新"绿色效能评估指标中选取适合指标。如无适合指标，可选相似指标，如无相似指标则可自行增加。各比选方案评估指标选取示例如表 7-1 所示。

表 7-1 各比选方案评估指标选取示例

评价指标	A	B	…
提高供电可靠性	√	√	
提升供电质量	√	√	
提升信息安全	×	×	
推动职业健康安全	×	×	
提升设备健康水平	√	√	

评价指标	A	B	…
减少有害气体排放	…	…	
减少碳排放	…	…	
降低噪声污染	…	…	
降低工程量	…	…	
节约占地	…	…	
减少土方开挖和植被破坏	…	…	
降低线损	…	…	
提升设备效率	…	…	
提升巡检效率	…	…	
提高建筑安装效率	…	…	
节约运输量	…	…	
延长使用寿命	…	…	
降低运维工作量	…	…	
促进分布式消纳	…	…	
资源共享开放	…	…	
…	…	…	

（2）评估指标评分。邀请各专业、具有工程实践经验或相应领域专家进行评估，按评估指标预估变化幅度，并按高、较高、一般、较低和低分别评分。无法预估的，可基于比选方案相对变化幅度预估，如 B 在提高供电可靠性方面较 A 高。各比选方案评估指标评分示例如表 7-2 所示。

表 7-2 各比选方案评估指标评分示例

评价指标	A					B					...
	高	较高	一般	较低	低	高	较高	一般	较低	低	
提高供电可靠性		√				√					
提升供电质量		√				√					
提升信息安全	×	×	×	×	×	√					
推动职业健康安全	√						×	×	×	×	
提升设备健康水平		√				√					
减少有害气体排放	...	...	...	...	...	...	...	...	...	...	
减少碳排放	...	...	...	...	...	...	...	...	...	...	
降低噪声污染	...	...	...	...	...	...	...	...	...	...	
降低工程量	...	...	...	...	...	...	...	...	...	...	
节约占地	...	...	...	...	...	...	...	...	...	...	
减少土方开挖和植被破坏	...	...	...	...	...	...	...	...	...	...	
降低线损	...	...	...	...	...	...	...	...	...	...	
提升设备效率	...	...	...	...	...	...	...	...	...	...	
提升巡检效率	...	...	...	...	...	...	...	...	...	...	
提高建筑安装效率	...	...	...	...	...	...	...	...	...	...	
节约运输量	...	...	...	...	...	...	...	...	...	...	
延长使用寿命	...	...	...	...	...	...	...	...	...	...	
降低运维工作量	...	...	...	...	...	...	...	...	...	...	
促进分布式消纳	...	...	...	...	...	...	...	...	...	...	
资源共享开放	...	...	...	...	...	...	...	...	...	...	

统计落在各指标评分分档的各专业、具有工程实践经验或相应领域专家人数，并统计各类技术下各指标评分人数比例，将该比例作为模糊综合评价矩

阵,从而形成各类技术的绿色效能评估指数。各比选方案评估指标评分比例示例如表 7-3 所示。

表 7-3　　　　　　　　各比选方案评估指标评分比例示例

评价指标	A					B					...
	高	较高	一般	较低	低	高	较高	一般	较低	低	
提高供电可靠性	29%	71%				86%	14%				
提升供电质量	29%	71%				71%	29%				
提升信息安全	×	×	×	×	×	71%	29%				
推动职业健康安全	57%	43%				×	×	×	×	×	
提升设备健康水平	14%	86%				57%	43%				
减少有害气体排放	...	...	...	...	...	...	...	...	...	...	
减少碳排放	...	...	...	...	...	...	...	...	...	...	
降低噪声污染	...	...	...	...	...	...	...	...	...	...	
降低工程量	...	...	...	...	...	...	...	...	...	...	
节约占地	...	...	...	...	...	...	...	...	...	...	
减少土方开挖和植被破坏	...	...	...	...	...	...	...	...	...	...	
降低线损	...	...	...	...	...	...	...	...	...	...	
提升设备效率	...	...	...	...	...	...	...	...	...	...	
提升巡检效率	...	...	...	...	...	...	...	...	...	...	
提高建筑安装效率	...	...	...	...	...	...	...	...	...	...	
节约运输量	...	...	...	...	...	...	...	...	...	...	
延长使用寿命	...	...	...	...	...	...	...	...	...	...	
降低运维工作量	...	...	...	...	...	...	...	...	...	...	
促进分布式消纳	...	...	...	...	...	...	...	...	...	...	
资源共享开放	...	...	...	...	...	...	...	...	...	...	

（3）评估指标赋权。按照 G1-CRITIC 赋权。以表 7-3 为例，基于提高供电可靠性、提高供电质量、提升信息安全、推动职业健康安全、提升设备健康水平指标，首先基于 G1 法，将 5 项指标依据重要性排序提高供电可靠性＝提升设备健康水平＞提高供电质量＝推动职业健康安全＞提升信息安全，再按评估各指标相对重要性（见表 7-4）。依据权重系数计算公式（5-2），逐个计算指标权重，G1 法下各评估指标权重如表 7-5 所示。

表 7-4　　　　　　　　　各评估指标相对重要性

指标	相对重要性	备注
提高供电可靠性相对于提升设备健康水平重要性	1	（1）
提升设备健康水平相对于提升供电质量重要性	1.2	（2）
提升供电质量相对于推动职业健康安全重要性	1	（3）
推动职业健康安全相对于提升信息安全重要性	1.2	（4）

表 7-5　　　　　　　　　G1 法下各评估指标权重

指标	计算公式	G1 法计算权重
提升信息安全	（5）=1/［1+（1）×（2）×（3）×（4）+（2）×（3）×（4）+（3）×（4）+（4）］	0.1592
推动职业健康安全	（6）=（4）×（5）	0.1911
提升供电质量	（7）=（3）×（6）	0.1911
提升设备健康水平	（8）=（2）×（7）	0.2293
提高供电可靠性	（9）=（1）×（8）	0.2293

以表 7-3 为例，7 个专家分别针对 A、B 评分，基于 CRITIC 法，按 7 个专家两类技术即每个指标 7~14 个样本，依据标准差计算公式（5-3）计算各指标标准差（见表 7-6），其中高、较高分别取区间中值，即分别取 90、70 分。

表 7-6　　　　　　　　　　　　各评估指标标准差

指标	A		B		样本数	平均值	标准差
	高	较高	高	较高			
提高供电可靠性	29%	71%	86%	14%	14	$81.5 = (90 \times 29\% + 70 \times 71\% + 90 \times 86\% + 70 \times 14\%)/2$	$10.26 = SQRT\{[(7 \times 29\% + 7 \times 86\%) \times (90-81.5)^2 + (7 \times 71\% + 7 \times 14\%) \times (70-81.5)^2]/13\}$
提升供电质量	29%	71%	71%	29%	14	$80 = (90 \times 29\% + 70 \times 71\% + 90 \times 71\% + 70 \times 29\%)/2$	$10.49 = SQRT\{[(7 \times 29\% + 7 \times 71\%) \times (90-81.5)^2 + (7 \times 71\% + 7 \times 29\%) \times (70-81.5)^2]/13\}$
提升信息安全	×	×	71%	29%	7	$84.2 = 90 \times 71\% + 70 \times 29\%$	$10.23 = SQRT[(7 \times 71\% \times (90-81.5)^2 + 7 \times 29\% \times (70-81.5)^2)/6]$
推动职业健康安全	57%	43%	×	×	7	$81.4 = 90 \times 57\% + 70 \times 43\%$	$10.7 = SQRT[(7 \times 57\% \times (90-81.5)^2 + 7 \times 43\% \times (70-81.5)^2)/6]$
提升设备健康水平	14%	86%	57%	43%	14	$77.1 = (90 \times 14\% + 70 \times 86\% + 90 \times 57\% + 70 \times 43\%)/2$	$10.93 = SQRT\{[(7 \times 14\% + 7 \times 57\%) \times (90-81.5)^2 + (7 \times 86\% + 7 \times 43\%) \times (70-81.5)^2]/13\}$

依据相关系数矩阵计算公式（5-4）计算各指标之间的相关系数并构建相关系数矩阵 R（见表7-7），其中对于7个样本指标与14个样本指标的相关系数计算，7个样本指标缺失的另7个样本数按该指标平均值处理。并依据式（5-5），式（5-6）分别计算各指标信息量和客观权重，从而基于式（5-8）得到综合权重（见表7-8）。

表 7-7　　　　　　　　　　各评估指标相关系数矩阵

指标	提高供电可靠性	提升供电质量	提升信息安全	推动职业健康安全	提升设备健康水平
提高供电可靠性	1	0.866	0.3227	0.3536	0.6455

续表

指标	提高供电可靠性	提升供电质量	提升信息安全	推动职业健康安全	提升设备健康水平
提升供电质量	0.866	1	0.6389	0.3499	0.7454
提升信息安全	0.3227	0.6389	1	0.7303	0.5333
推动职业健康安全	0.3536	0.3499	0.7303	1	0.1826
提升设备健康水平	0.6455	0.7454	0.5333	0.1826	1

表 7-8　　　　　　　　　　　各评估指标相关系数矩阵

指标	信息量	CRITIC 法计算权重	综合权重
提高供电可靠性	1.8122	0.1904	0.2101
提升供电质量	1.3998	0.1504	0.1705
提升信息安全	1.7748	0.1860	0.1730
推动职业健康安全	2.3836	0.2612	0.2247
提升设备健康水平	1.8932	0.2119	0.2217

（4）指标综合评估。基于表 7-8 指标权重和表 7-3 隶属度模糊矩阵，分别得到 A、B 的模糊综合评价结果，分别为 Z_A=（0.2695，0.5575），Z_B=（0.551，0.2244）。从评估结果看，A、B 分别为较高和高，因此从绿色效能评估结果看，B 方案优于 A 方案。如 B 方案的技术经济性也优于 A 方案，则可选 B 方案，如技术经济性劣于 A 方案，可需综合评估。

上述主要是针对评估指标值难以量化情况下的处理方式，如指标值能具体计算，则可根据指标值具体评分，从而可具体计算各类技术的绿色效能指数。

2. 应用决策

应用决策主要是评估技术推广应用程度，分为绿色效能指标评估和分档。绿色效能指标评估可参照前期决策评估步骤，如涉及各专业，还需在各指标基础上综合考虑各专业权重，以此进行横向比选评估，各专业权重可按 G1 法赋权，"四新"专业领域划分如表 7-9 所示；基于评估结果，可直接通过评估值水平或按分类分析两种方法进行分档，结合试点应用情况和技术经济性，综合考虑是否全网推广、局部推广等。

表 7-9   "四新"专业领域划分

序号	专业领域
一、变电领域	
1	变电一次变压器技术
2	变电一次开关技术
…	…
二、输电领域	
1	电力电缆技术
2	架空输电线路技术
…	…
三、配电领域	
1	配电一次变压器技术
2	配电一次开关技术
…	…
四、直流输电领域	
1	直流输电一次设备技术
2	直流输电在线监测技术
…	…

续表

序号	专业领域
五、电力系统规划运行	
1	电力调度技术
2	运行方式技术
…	…
六、计量与用电领域	
1	计量设备与系统
…	用电与客户服务
七、电力通信技术	
1	电力光传输网络末端的光缆远程监测装置
2	物联网通信单元
…	…
八、信息化领域	
1	数字孪生技术
2	自主电力计算软件技术
…	…
九、综合工器具	
1	标识与打印技术
2	电动接地操作杆
…	…

对于评估为高、较高、一般、较低和低的，可直接据此分档；如较高以上的考虑推广应用，则根据聚类分析或逼近理想解法，对于较高以上的进行分类，再综合考虑试点应用情况和技术经济性，综合考虑是否全网推广、局部推广等。分类分析方法示例如下。

（1）基于式（5-10），各指标的最大值和最小值赋予正理想解、负理想解（见表7-10）。

（2）式（5-11）计算各类技术下各指标与正、负理想解的最优和最劣距离（见表7-11）。

（3）式（5-12）计算各类技术相对于最优方案的贴近度（见表7-11）。

（4）根据相对贴近度，B>E>A>C>D，B、E可归为一类，A、C、D可归为一类。B、E相对于A、C、D具有优先推广权。从各类技术综合评估结果看（见表7-10合计数），B>E>D>A>C，两者排序结果基本一致，分类来看，B、E可归为一类，A、C、D可归为一类，分类结果一致。从两种方法看，虽然排序结果略有差异，但不影响分类结果。

表 7-10　　　　　　　　各类"四新"评估结果示例

指标	A	B	C	D	E	正理想解	负理想解
提高供电可靠性	0.1345	0.1267	0.1456	0.1755	0.1956	0.1956	0.1267
提升供电质量	0.1677	0.2022	0.1782	0.2102	0.1998	0.2102	0.1677
提升信息安全	0.1525	0.1987	0.1124	0.1223	0.1589	0.1987	0.1124
推动职业健康安全	0.1902	0.0989	0.2002	0.1782	0.1488	0.2002	0.0989
提升设备健康水平	0.1431	0.2812	0.1256	0.1098	0.1999	0.2812	0.1098
合计	0.788	0.9077	0.762	0.796	0.903		
排序	4	1	5	3	2		

注　各指标已加权计算。

表 7-11 各类"四新"评估结果示例

指标	最优距离	最劣距离	相对贴近度	排序
A	0.163846	0.1054	0.3915	3
B	0.122772	0.1950	0.6136	1
C	0.187571	0.1048	0.3584	4
D	0.190008	0.1028	0.3512	5
E	0.104613	0.1362	0.5656	2

3. 规划成效评价

规划成效评价是评估规划实施成效，可针对单项"四新"成效进行评估。其可结合"四新"绿色效能评估指标，基于规划实施结果所采集数据进行综合评估。综合评估步骤也可参见前期决策，由于其是针对单项"四新"成效进行评价，无需再两两比较。

4. 电网工程绿色指数评估

电网工程绿色指数评估基本与规划成效评价一致，区别在于一个是单项，一个是工程整体。电网工程绿色指数评估可在规划成效评价基础上，考虑各应用专业领域权重，再加权评估得到工程整体绿色指数水平。

$$\lambda_i = \sum_i \bar{\omega}_i Z_i \qquad (7-1)$$

式中：λ_i 为工程绿色指数；$\bar{\omega}_i$ 为第 i 个专业权重；Z_i 为第 i 个专业绿色指数；i 代表"四新"所处专业领域。

第二节　减碳计量规则应用策略

一、规则应用适用范围

减碳计量规则包含分类评估和总体评估两种方式。分类评估主要是针对各类具体的"四新",是针对具体个体;总体评估是针对应用场景或阶段进行评估,是针对时(生产、施工阶段等)空(变电站、线路和生产场所等)。基于其内容和特性,同样适用于前期决策、规划成效评价和应用决策等。除上述三类外,还可结合实际需求进行扩展,如当前电网企业温室气体碳排放核算主要是基于使用 SF_6 的设备的修理和退役过程以及输配电损失引起的排放测算,基于形成的减碳计量规则,可对当前的电网企业温室气体排放核算或行业碳排放核算有益补充。

相较于绿色效能评估,碳减排计量规则更进一步考虑了碳减排计算,当碳减排计算具备条件时,可选用计量规则支撑评估,否则可选用绿色效能评估支撑决策和成效评价。

(1)前期决策。前期决策评价主要是针对前期技术方案比选决策,如规划阶段,在建设新型电力系统背景下,基于技术经济比选,综合碳排放约束或考虑碳减排贡献,是否选用或选用哪类技术。

(2)应用决策。应用决策是基于碳减排结果,评估技术推广应用程度,如广泛推广,试点应用等。

(3)规划成效评价。规划成效评价是结合碳减排计量规则,基于规划实施结果所采集数据,评估规划实施碳减排成效,为规划修编提供支撑。

(4)碳减排贡献评价。碳减排贡献评价即通过计算"四新"助力碳减排贡献,为碳排放计算、"双碳"目标实现时间等提供碳计量。

二、计量规则应用策略

1. 前期决策

前期决策评价主要是针对前期技术方案比选决策，如规划阶段，在建设新型电力系统背景下，基于技术经济比选，综合碳排放约束或考虑碳减排贡献，是否选用或选用哪类技术。

针对分类评估，需比较相对经济方案，即对于各比选方案由于应用"四新"而新增（减少）投资与各方案下碳减排治理成本差值最小：

$$\min = \Delta I_i - C_c \Delta C_i$$
$$\begin{cases} \Delta I_i = \Delta I_i + \Delta c_i - \Delta r_i \\ \Delta C_i = \Delta C_{i1} + \Delta C_{i2} + \Delta C_{i3} + \Delta C_{i4} \end{cases} \tag{7-2}$$

式中：ΔI_i 为 i 方案新增投资；C_c 为单位碳处理成本；ΔC_i 为碳减排量，根据碳减排计量规则计算；Δc_i 为全寿命周期新增修理成本；Δr_i 为新增残值；其中新增成本等均相对于常规方案而言。ΔC_{i1}、ΔC_{i2}、ΔC_{i3}、ΔC_{i4} 分别为 i 方案下生产、施工、运维和报废阶段碳减排量。

针对总体评估，需比较各应用场景下的相对经济方案，即对于每个应用场景下的各比选方案由于应用"四新"而新增（减少）投资与各方案下碳减排治理成本差值最小：

$$\min = \sum_j \sum_i \Delta I_{ij} - \sum_j \sum_i C_c \Delta C_{ij}$$
$$\begin{cases} \Delta I_{ij} = \Delta I_{ij} + \Delta c_{ij} - \Delta r_{ij} \\ \Delta C_{ij} = \Delta C^1_{ij} + \Delta C^2_{ij} + \Delta C^3_{ij} - \Delta C^4_{ij} \end{cases} \tag{7-3}$$

式中：ΔI_{ij} 为第 j 个应用场景或阶段下第 i 个方案新增投资；C_c 为单位碳处理成本；ΔC_{ij} 为第 j 个应用场景或阶段下第 i 个方案碳减排量，根据碳减排计量规则计算；Δc_{ij} 为全寿命周期第 j 个应用场景或阶段下第 i 个方案新增修理成本；Δr_{ij} 为第 j 个应用场景或阶段下第 i 个方案新增残值；其中新增成本等均相对于常规方案而言。ΔC^1_{ij}、ΔC^2_{ij}、ΔC^3_{ij}、ΔC^4_{ij} 分别为第 j 个应用场景或阶段下第 i 个方案生产、施工、运维和报废阶段碳减排量。

2. 应用决策

应用决策主要是评估技术推广应用程度，分为碳减排评估和分档。碳减排评估参照第六章碳减排计量规则；基于各类"四新"碳减排评估结果，可直接基于评估值水平或按分类分析两种方法进行分档，其中分类分析方法即通过各类"四新"在各个阶段的碳减排水平，计算各类"四新"在各个阶段的贴近度，从而基于贴近度进行分类。结合试点应用情况和技术经济性，综合考虑是否全网推广、局部推广等。

3. 规划成效评价

规划成效评价是评估规划实施成效，可针对单项"四新"成效进行评估。其可结合碳减排计量规则，基于规划实施结果所采集数据进行综合评估，其主要是针对单项、多项"四新"或单个应用场景下的"四新"成效进行评价。规划成效评价可参考第六章碳减排计量规则进行计算。针对单项"四新"成效评价，可设置碳减排等成效评价指标；针对多项"四新"成效评价，可设置碳减排、碳减排贡献等成效评价指标。

4. 碳减排贡献评价

当前电网企业温室气体碳排放核算主要是基于使用 SF_6 的设备的修理和退役过程以及输配电损失引起的排放测算。基于"四新"碳减排计量规则应用，将对电网全链条业务下碳减排贡献进行客观评价，从而为碳排放计算、"双碳"目标实现时间等提供碳计量。

参考文献

[1] 《新型电力系统发展蓝皮书》编写组 . 新型电力系统发展蓝皮书 [M]. 北京：中国电力出版社，2023.

[2] 国家能源局，科学技术部 . 关于印发《"十四五"能源领域科技创新规划》的通知（国能发科技〔2021〕58 号）.

[3] 王伟 . 绿色电网发展理论与实证研究 [D]. 北京：华北电力大学，2015.

[4] 蔡振华，张军，刘倩妮，等 .《3C 绿色电网建设评价标准》应用情况调研与分析：绿色变电站 [J]. 南方能源建设，2019，6（3）：120-125.

[5] 黄轶康，许海清，程亮，等 . 绿色输变电工程施工期环境评价指标量化研究 [J]. 价值工程，2020，39（21）：46-47.

[6] 赵国涛，钱国民，王盛 ."双碳"目标下绿色电力低碳发展的路径分析 [J]. 华电技术，2021，43（6）：11-20.

[7] 曹瑞峰，刘子华，曹俊，等 . 以"双碳"为目标构建绿色能源低碳效能监测与提升体系 [A]. 浙江省电力学会 2021 年度优秀论文集 [C].2022.

[8] 彭龑 .SOHO 家具绿色效能多级模糊综合评价方法研究 [J]. 四川大学学报（工程科学版），2003（5）：37-40.

[9] 贺元启 . 生物质能的绿色效能分析 [J]. 能源环境保护，2008（S1）：63-66.

[10] 林文诗，叶凌，程志军 . 国内外绿色建筑评价标准节能环保效能对比研究 [J]. 工程建设标准化，2016（10）：39-44.

[11] 叶在乔，叶萌，马聪 . 既有建筑绿色化改造项目子系统效能评估——以杭州 UAD 大楼为例 [J]. 建设科技，2016（10）：53-55.

[12] 曹灿，秦小迪．夏热冬暖地区运用生态墙技术的绿色效能评价 [J].墙材革新与建筑节能，2017（5）：58–60.

[13] 陈立鹏．码头工程绿色施工评价及应用研究 [D].广州：华南理工大学，2018.

[14] 李锦军，麦志英．生态脆弱区绿色金融效能研究 [J].青海金融，2018（9）：9–13.

[15] 李晓江．城市社区 / 生活碳计量与去碳路径的实证研究 [J].可持续发展经济导刊，2022（4）：20–21.

[16] 王雷雷，高红均，刘畅，等．考虑分时碳计量的智能楼宇群电——碳耦合互动共享 [J].电网技术，2022，46（6）：2054–2064.

[17] 舒洋，郭娇宇，周梅，等．基于 IPCC 法大兴安岭兴安落叶松人工林碳计量参数研究 [J].温带林业研究，2022，5（1）：30–35，47.

[18] 宗凤良．国外建筑综合环境绿色生态效能评估体系和方法综述 [J].智能建筑，2006（5）：24–29.

[19] 李研妮．碳核算的统计范畴、测算方法及指标选择 [J].金融纵横，2021（11）：29–34.

[20] 招景明，李经儒，潘峰，等．电力碳排放计量技术现状及展望 [J].电测与仪表，2023，60（3）：1–8.

[21] 彭道鑫，董士波，王玲．基于高质量发展的电网投资效率效益评估体系研究 [J].建筑经济，2019，40（12）：107–114.

[22] 王源，姜懿郎，王长江，等．基于改进 G1–CRITIC 的直流多馈入受端系统故障筛选与排序 [J].电力系统及其自动化学报，2021，33（12）：43–52.

[23] 建筑碳排放计算导则（试行）[S].广州：广东省住房和城乡建设厅，2021.

[24] 绿色建材产品减碳计算导则（试行）[S].北京：绿色建材产品认证技术委员会，2022.

[25] 邓资银，刘念，王杰．一种电力行业碳排放分析方法．中国专利，

CN202111436637.1，2022-3-1.

[26] 施康明，王昌，姚宁玥，韦宇昊，许泽骏，翁洁.一种变电站运维阶段碳排放评价方法.中国专利，CN202210305878.0，2022-8-30.

[27] 刘提，黄杰，吴震，吴锋豪，陈栩智，陈斌，郑忻，沈海军，扶达鸿，陈文翰，戴莉，王亦昌，刘煜谦.一种适用于电网建设项目的碳排放核算方法.中国专利，CN202210179604.1，2022-9-13.